# 计算机应用基础

## （第二版）

主　编　曹新彩　李　超　李来雨

副主编　刘　军　查日强　徐　果

编　者　徐冰清　张　宁　李　杰
　　　　姚　娜

西北工业大学出版社

西　安

【内容简介】 本书系统地介绍了以计算机应用为核心的信息技术基础知识和专业技能。全书分为 8 个单元,主要内容包括计算机与信息社会、操作和使用计算机、计算机网络、使用 Word 编辑文档、使用 Excel 处理和统计数据、数字媒体技术应用、保护网络安全以及人工智能等,通过这些知识的学习,全面培养学生的计算机应用能力和信息素养。

本书内容深入浅出、结构简单明了、取材丰富实用,适合作为高职(技师学院)和中职学校公共基础课的教材,也可作为计算机入门者的参考读本。

图书在版编目(CIP)数据

计算机应用基础/曹新彩,李超,李来雨主编. —2
版. —西安:西北工业大学出版社,2020.9(2022.1重印)
ISBN 978 - 7 - 5612 - 7191 - 9

Ⅰ.①计… Ⅱ.①曹… ②李… ③李… Ⅲ.①电子计
算机-教材 Ⅳ.①TP3

中国版本图书馆 CIP 数据核字(2020)第 139626 号

JISUANJI YINGYONG JICHU

计 算 机 应 用 基 础

| | | | |
|---|---|---|---|
| 责任编辑:张　友 | | 策划编辑:李　萌 | |
| 责任校对:朱晓娟 | | 装帧设计:李　飞 | |

出版发行:西北工业大学出版社
通信地址:西安市友谊西路 127 号　　邮编:710072
电　　话:(029)88491757,88493844
网　　址:www.nwpup.com
印　刷　者:兴平市博闻印务有限公司
开　　本:787 mm×1 092 mm　　　1/16
印　　张:17.75
字　　数:466 千字
版　　次:2018 年 8 月第 1 版　2020 年 9 月第 2 版　2022 年 1 月第 3 次印刷
定　　价:45.00 元

# 第二版前言

本书是在《计算机应用基础》(西北工业大学出版社 2018 年 8 月出版)的基础上修订而成的。本书第一版出版后,受到了读者欢迎,但也发现了一些问题,因此,启动了第二版的修订工作。第二版的修订在保留第一版的优点的情况下,遵循教育部新发布的职业学校计算机专业课程教学标准,参照国家相关部门新颁发的国家标准和职业技能等级证书要求,进行了下述两方面的调整:

(1)删除了部分陈旧的知识,增补了最新的信息技术模块内容,使本书更加全面涵盖全国计算机等级考试(一级)MS Office 考试大纲所要求的基本知识点,注重反映计算机发展的新技术。

(2)面向应用,突出技能,新增加多项实例。这些实例都是从最近几年一线教学积累的教学案例中精心挑选出来的,具有实用性和可操作性。

全书分为 8 个单元,内容包括计算机与信息社会、操作和使用计算机、计算机网络、使用 Word 编辑文档、使用 Excel 处理和统计数据、数字媒体技术应用、保护网络安全和人工智能。通过这些知识的学习,全面培养学生信息素养。

本书内容丰富,重点突出,结构清晰,知识模块化,组织逻辑性强,具有良好的教学适用性和较强的可操作性。本书强调加强基础培养,提高实践能力,注重知识应用,详细描述操作步骤,使学生通过学习,不仅能掌握计算机基础知识,还能具备一定的信息技术的应用能力,为信息技术水平的全面提升打下良好的基础。

本书适合作为高职(技师学院)和中职学校公共基础课的教材,也可作为计算机入门者的参考读本。按照课程时间安排以及教学对象不同,安排的课程时间各有不同,建议授课时数安排在 64~96 学时之间。课程教学方法以技能训练为主,理论诠释为辅。建议教师使用多媒体辅助教学,并安排大量的上机练习时间,以便学生巩固所学知识,掌握相应的技能。

本书由安徽建工技师学院计算机专业教研室和皖北经济学校联合组织编写。其中,李来雨、刘军编写单元一;徐果和查日强编写单元二;曹新彩和李超编写单元三;李超和徐冰清编写单元四;李超和李杰编写单元五;查日强和张宁编写单元六;徐果编写单元七,徐果和姚娜编写单元八。

编写本书曾参阅相关文献、资料,在此,谨向其作者深表谢意。

由于水平有限,书中不完善的地方,敬请读者批评指正。配套教学资源以及其他交流,请联系:664339677@qq.com。

编 者

2020 年 4 月

# 第一版前言

以计算机应用为核心的信息技术飞速发展,其应用已涉及人们日常生活和工作的各个领域,并成为一种知识和技能,成为人们智力结构的组成部分。随着新时代信息技术发展,培养学生信息素养的教材的内容也需要随时代的发展进行改革。

然而,在日常教学以及市场调查过程中发现,很多计算机应用基础类教材内容比较陈旧,和时代发展同步的新技术内容较少,不适合新时期职业类院校对学生全面信息素养培养的教学要求。为了使学生了解最新的信息技术发展趋势,熟练掌握以计算机为核心的信息技术操作技能,培养学生应用信息技术解决工作和生活中实际问题的能力,为未来职业生涯发展奠定基础,在全面学习中国计算学会信息类专业技术委员会组织编写的新大纲文件基础上,编写了本书。

本书旨在培养学生下述能力:认知能力,引导学生具备独立思考、逻辑推理、信息加工、学会学习、语言表达和文字写作的素养,养成终身学习的意识和能力;职业能力,引导学生适应社会需求,树立爱岗敬业、精益求精的职业精神,践行知行合一,积极动手实践和解决实际问题;创新能力,激发学生好奇心、想象力和创新思维,养成创新人格,鼓励学生勇于探索、大胆尝试、创新创造。

本书取材新颖,内容丰富,重点突出,结构清晰,知识模块化,组织逻辑性强,具有良好的教学适用性及较强的可操作性,符合当今计算机科学技术的发展趋势。全书强调加强信息基础培养,提高实践能力;注重计算机操作知识的应用,详细描述了操作步骤,使学生通过学习,不仅能掌握计算机基础知识,还能具备一定的信息技术的应用能力,为信息技术的全面掌握打下良好的基础。

按照课时安排以及教学对象不同,安排的课程时间各有不同,本书建议授课时数安排在 64～96 学时之间。课程教学方法以技能训练为主,理论诠释为辅。建议教师使用多媒体辅助教学,并安排大量的上机练习时间,以便学生巩固所学知识,掌握相应技能。

本书由安徽建工技师学院信息技术系计算机专业教研室组织编写,具体编写分工如下:李来雨和汪双顶编写单元一,汪双顶和吴成群编写单元二,汪双顶和李继萍编写单元三,徐冰清和曹新彩编写单元四,李来雨和黄文兰编写单元五,曹新彩、魏安金和汪双顶编写单元六,汪双顶和徐果编写单元七,徐果编写单元八。

在编写本书的过程中,曾参阅了相关文献、资料,在此谨向其作者深表谢意。

由于水平有限,书中定有疏漏和不妥之处,敬请广大读者批评指正。

编 者

2018 年 6 月

# 目　录

# 单元一　计算机与信息社会

　　计算机技术的应用已融入人们日常生活，无论我们走到哪里，它都与我们相伴。虽然迄今为止，计算机技术仅有 70 多年的发展历程，但在人类科学发展的历史上，没有哪门科学技术像计算机技术这样发展得如此迅速，对人类的生活、生产和工作产生如此巨大的影响。

　　本单元主要介绍计算机基础知识；认识和了解计算机与信息化社会；了解计算机系统的组成，掌握计算机工作过程，培养学生的信息素养。

# 1.1 认识计算机

## 【生活话题】

大家每天都在使用计算机，说说都使用计算机做什么。
(老师)

我平时用计算机主要是看电影、玩游戏、上QQ、发微博等。
(小明)

我主要是在老师上课的时候用计算机，在信息课上，我们使用计算机做作业。
(小惠)

我喜欢用计算机跟家人、朋友、同学视频聊天！
(小梅)

我主要用计算机查一些资料，很多不会的作业都能通过计算机找到详细的解题步骤。
(小花)

大家说的都很好，今天人们的生活离不开计算机，计算机几乎涉及人类生活、生产和学习的各个领域。
(老师)

## 【话题分析】

迅速发展的计算机技术，影响着我们生活的方方面面，尤其是计算机网络的应用，网络电视、影视，网络通信、聊天和网络购物，等等，正深入人们日常生活。人们通过计算机网络沟通感情，相互交流，了解信息，网上娱乐，休闲购物，等等，足不出户就能了解世界各地的信息。

计算机是一种能够按照事先编制的程序,自动、高速地进行大量数值计算和各种信息处理的智能电子设备。它一般由硬件和软件系统组成,两者相互依存,缺一不可。

## 【知识介绍】

### 1.1.1　认识了解计算机

计算机是 20 世纪最先进的科学技术发明之一,它是一种用于高速计算的电子计算机器,不仅可以进行数值运算,还可以进行逻辑运算,并且具有存储记忆功能,俗称为“电脑”。

计算机是一种能自动存储、计算、处理数据的电子设备。计算机能自动存储程序和接收信息,并按照程序对信息进行处理,然后提供处理结果。

计算机已广泛应用到军事、科研、经济、文化等各个领域,成为人们不可缺少的好帮手。在日常生活中,计算机表现为各种不同形态。

台式机的主机、显示器等设备都是相对独立的,如图 1-1-1 所示。

图 1-1-1　台式机

服务器是安装在网络环境中的高性能计算机,它连接网络上的其他计算机(客户机),应答提交的服务请求,并为客户机提供相应的服务,如图 1-1-2 所示。

笔记本电脑又称手提电脑或膝上电脑,是一种小型、可携带的个人电脑,如图 1-1-3 所示。

图 1-1-2　服务器

图 1-1-3　笔记本电脑

图 1-1-4 所示的超级计算机,是计算机中功能最强、运算速度最快、存储容量最大的一类计算机,多用于高科技的尖端技术研究领域。

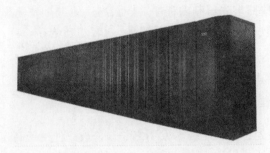

图 1-1-4　超级计算机

### 1.1.2　计算机发展历程

第一代:电子管数字计算机(1946—1955 年)。

1946 年,世界上第一台电子数字计算机"ENIAC"(Electronic Numerical Integrator and Computer)诞生于美国宾夕法尼亚大学,如图 1-1-5 所示。

ENIAC 使用的主要元器件是电子管,体积庞大,占地面积超过 $170m^2$,质量约为 30t,耗电量为 150 kW·h,每秒钟能进行 5 000 次加法运算,它的问世标志着电子计算机时代的到来。

第二代:晶体管数字计算机(1956—1964 年)。

1956 年,晶体管电子计算机诞生,这标志着第二代电子计算机的问世。

晶体管计算机主要特征是采用晶体管作为电路器件,主存储器为磁心,运算速度大大提高,相对于第一代计算机,其体积小、速度快、功耗低,如图 1-1-6 所示。

图 1-1-5　第一台电子数字计算机"ENIAC"

图 1-1-6　晶体管数字计算机

第三代:集成电路数字计算机(1965 — 1971 年)。

以中、小规模的集成电路为主要功能元器件,主存储器采用半导体存储器。该时期的计算机外形和性能得到了很大的改善,体积大大缩小,应用领域也相继扩大,如图 1-1-7 所示。

第四代:大规模集成电路数字计算机(1972 — 1979 年)。

第四代计算机使用集成度更高的半导体存储器,外存储器使用大容量磁盘、光盘和半导体存储器,如软盘、硬盘、光盘、U 盘等。

超大规模集成电路的发明,使电子计算机不断向着小型化、微型化、低功耗、智能化、系统化方向更新换代。微型计算机是在第四代计算机基础上出现的新机器类型,由大规模集成电路组成,如图1-1-8所示。

微型计算机的特点是体积小、价格便宜、使用方便。

图1-1-7 集成电路数字计算机

图1-1-8 微型计算机(早期Apple电脑)

第五代计算机:机器人(1980年至今)。

机器人是第五代计算机的杰出代表,智能机器人是具有高智能,能自动进行工作的机器装置,如图1-1-9所示。它既可以接受人类指挥,又可以运行预先编制的程序,按照人的意愿行动,协助或代替人类工作。

### 1.1.3 电子计算机的特点

电子计算机具有以下特点:

(1)运算速度快。目前,计算机的运算速度最高可达每秒数十万亿次。

图1-1-9 机器人

(2)计算精度高。计算机可以实现几十位到上百位有效数字的运算,可以满足各种工程和科学计算的精度要求。

(3)具有记忆能力。计算机中的存储器具有记忆能力,它能够记录并保存用户存放的信息。只要介质不损坏,其记忆的时间可以是无限的。

(4)具有逻辑判断能力。计算机能进行各种逻辑判断,能模拟人的思维活动,根据判断结果决定后续命令的执行。

(5)自动化程度高。计算机在程序控制下,能自动完成一系列操作运算,并向用户输送运算结果。

### 1.1.4 认识智能终端设备

随着超大规模集成电路技术的发展和应用,计算机将向微型化、智能化和网络化发展,在日常生活中出现更多智能终端设备。

掌上电脑又称PDA,Apple公司出品的iPad作为掌上电脑的代表,提供浏览网页、收发电子邮件、观看电子书、播放音频或视频等功能,如图1-1-10所示。

图 1-1-10 Apple 公司的 iPad

　　智能手机像个人电脑一样,由用户安装第三方服务商提供的 APP 小程序,对手机功能进行扩充,通过移动网络实现无线网络接入,如图 1-1-11 所示。

　　智能手环属于智能穿戴设备,通过高精度传感器,根据手腕动作幅度和频率采集数据,将数据传给芯片处理,如图 1-1-12 所示。它附带很多功能,包括手表、微信、电话、定位、运动记录、准确的心率监测等。

图 1-1-11 Apple 公司的 iPhone 手机

图 1-1-12 智能手环

# 1.2 计算机系统组成

## 【生活话题】

大家都说说：我们平时使用的计算机由哪些部分组成？

(老师)

(小明)

主机、显示器、鼠标、键盘。

还有开机出现的操作系统，有的电脑还有光驱。

(小惠)

(小梅)

还有接口、平时所使用的各种软件。

我买过电脑，电脑里面还有内存条、CPU。

(小花)

大家说的都很好，我给大家总结一下，计算机主要由硬件系统和软件系统两大部分组成。

(老师)

## 【话题分析】

完整的计算机系统由硬件系统和软件系统两部分组成。其中，硬件指计算机上的电子部件、机械部件、各种连接线路及外部设备等看得见、摸得着的物理装置，如主机、显示器、键盘及打印机等。软件指系统中的程序以及开发、使用和维护程序所需的所有文档的集合。

## 【知识介绍】

### 1.2.1 计算机系统组成

计算机是信息处理工具,能够处理各种信息,包括文本、数值、声音和影像等。

数据通过输入设备输入计算机中,一般先用存储器存储起来;当需要加工处理时,再对存储器中的数据进行具体操作;最后,再以某种形式输出。计算机系统的组成如图1-2-1所示。

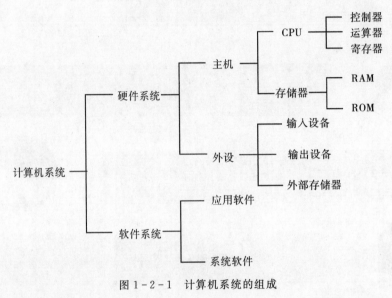

图1-2-1 计算机系统的组成

### 1.2.2 计算机硬件系统组成

硬件系统指组成计算机的各种物理设备,如主机、显示器、键盘、鼠标、打印机、扫描仪、光盘驱动器、音箱和调制解调器等。

计算机主机的内部结构如图1-2-2所示。

1.主板

主板又叫主机板(mainboard)、系统板(systemboard)或母板(motherboard),安装在机箱内,如图1-2-3所示。主板上面安装计算机的主要电路系统,有BIOS芯片、I/O控制芯片、键盘和面板控制开关接口、指示灯插接件、扩展插槽等元件。

2.中央处理器

中央处理器(Central Processing Unit,CPU)是计算机的运算核心和控制核心。CPU主要解释计算机指令以及处理计算机软件中的数据,如图1-2-4所示。

CPU主要的生产厂商有Intel,AMD,VIA。

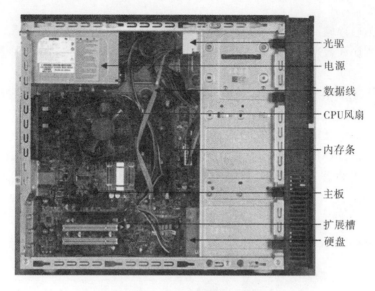

图 1-2-2 计算机主机内部结构

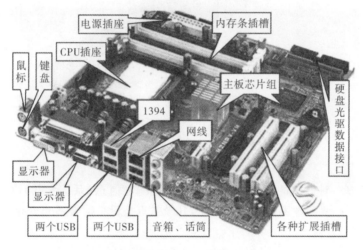

图 1-2-3 主板

图 1-2-4 CPU

3.内存储器

存储器分为内存储器和外存储器。其中,内存储器简称"内存"或"主存"。计算机运行过程中所用到的程序和数据都存放在内存中,供 CPU 直接访问。一般将 CPU 和内存储器合起来称为主机。

CPU 访问内存操作分为"读出"和"写入"。其中,"读出"是把信息从内存中取出,"写入"是将信息存入内存。

内存通常分为只读存储器(Read Only Memory,ROM)和随机存储器(Random Access Memory,RAM)。RAM 可以随机读写信息,但计算机若突然停电,存储信息将全部丢失。常见内存指 RAM,是将若干个 RAM 芯片封装在一块条形电路板上,俗称内存条,形状如图 1-2-5 所示。

图 1-2-5　内存条

CMOS 芯片是一种特殊的 RAM,在主板上保存配置信息(系统参数),如系统日期、时间以及启动信息等。这些参数不需要频繁变化,升级或更换设备时要适当变化,关机后仍能通过后备电池存储信息。

ROM 中的信息在制造 ROM 时一次写入,断电后内部信息也不会丢失。主板上的 BIOS 芯片通常使用 ROM 存放计算机输入/输出设备驱动程序、开机自检及初始化程序、硬件中断处理程序、系统设置程序等。

4.外存储器

外存储器简称"外存"或"辅存",是计算机长期保存信息的地方。外存相对内存来说,其速度慢,断电后信息不丢失,价格低,不能直接被 CPU 访问,如图 1-2-6 所示。

5.输入设备

输入设备将计算机外部信息,如文字、数值、声音、图像等输入计算机,由相应程序将其转变为计算机可识别的二进制代码,以便加工、处理,如键盘、鼠标等。

随着多媒体技术的发展,出现了多种多样的输入设备,如扫描仪、光笔、手写输入板、游戏杆等,如图 1-2-7 所示。

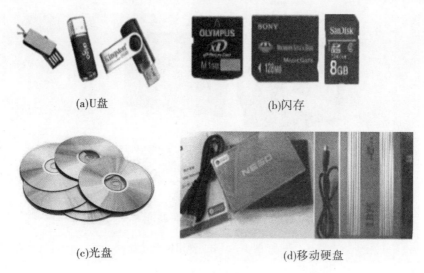

(a)U盘      (b)闪存

(c)光盘      (d)移动硬盘

图 1-2-6 外存储器

图 1-2-7 常用输入设备

**6.输出设备**

输出设备将计算机处理后的结果,以某种需要的形式表示出来。计算机中常用的输出设备是显示器、打印机、绘图仪等,如图 1-2-8 所示。

其中,打印机分为击打式和非击打式。击打式打印机靠机械动作实现印字,图 1-2-9 所示为点阵式击打印机,工作时噪声较大。

非击打式打印机在印字过程中无机械击打动作,噪声较小,印字质量好,包括喷墨式打印机和激光式打印机,如图 1-2-10 和图 1-2-11 所示。

图 1-2-8　常用输出设备

图 1-2-9　点阵式击打打印机

图 1-2-10　喷墨式打印机

图 1-2-11　激光式打印机

### 1.2.3　计算机性能指标

一般来说,衡量微型计算机性能优劣的主要技术指标有下述 4 个。

1.字长

字长指 CPU 同时处理二进制数的位数,直接关系到计算精度、功能和速度。字长越长,计算机精度越高,处理能力越强。常见字长有 8 位、16 位、32 位和 64 位。

2.主频(时钟频率)

主频指计算机内部脉冲发生器所产生时钟信号的频率,也就是 CPU 时钟频率。它决定了计算机的运行速度。常见主频范围在 60 MHz～3 GHz 之间,如 Pentium Ⅳ 2.4G CPU 的时钟频率为 2.4GHz。

**3.内存容量**

内存容量指内存储器中能够存储信息的数量,它一般以 KB,MB,GB 为单位,反映了内存储器存储数据的能力。常见内存容量为 1 GB,2 GB,8 GB,16 GB 等。

**4.系统配置**

系统配置包括硬件配置和软件配置。硬件配置也称硬件运行环境,主要有 CPU、内存及外设等硬件配置情况;软件配置包括操作系统、计算机语言、数据库管理系统、网络通信软件、汉字软件及其他各种应用软件等。系统配置越高,性能相对越好。

### 1.2.4 了解计算机存储器

内存储器容量大小直接影响 CPU 的运行性能,内存储器是主机的重要组成部分。

外存储器简称"外存"或"辅存",是日常生活中信息保存的重要仓库。其中,硬盘是计算机内部主要的外存储设备,如图 1-2-12 所示。硬盘的存储容量很大,它将盘片及驱动器封闭在金属箱内,工作时注意防止硬盘震动。

U 盘是使用 USB 接口的外接存储器,无须外接电源,即插即用,如图 1-2-13 所示。

光盘采用光记忆存储,分为 CD-ROM 和 DVD 两类,具有容量大、可靠性好、存储成本低等特点,如图 1-2-14 所示。

图 1-2-12 硬盘    图 1-2-13 U 盘    图 1-2-14 光盘

无论是内存还是外存,其存储空间均由一系列存储单元组成。每个存储单元按顺序编号,这种编号称为存储单元地址。如同一座楼房的房间编号一样,每个存储单元都对应唯一地址。

衡量存储器容量的技术指标有以下 4 项:

(1)位(bit)。二进制中一位,叫作 1b,其值为"0"或"1"。如果将计算机基本存储单元想象为一个小灯泡,那么一位值对应一个小灯泡或者"亮",或者"灭"状态。

(2)字节(Byte)。字节是计算机存取数据的最基本的存储单元,简写为 B。一般将 8 位二进制数表示成 1 个字节。为了方便存取数据,计算机按线性顺序对每个字节编号,这个编号就是存储单元地址。

常用存储容量换算公式:1KB＝1 024B,1MB＝1 024KB,1GB＝1 024MB,1TB＝1 024GB。

(3)字。字是计算机一次处理指令和数据的基本单位,是 CPU 和内部各部件传输数据的单位,一般由若干个字节组成。CPU 与输入/输出设备、存储器之间传输数据都通过总线进行的,总线一次可以同时传输多个二进制位,这些二进制位组合在一起,就构成一个字。

一个字存放一条指令或一个数据,作为参加运算或处理的一个整体。

(4)字长。一个字中所包含二进制位的多少称为字长,不同计算机系统字长不同。常用字长有 8 位、16 位、32 位和 64 位等,则相应计算机系统称为 8 位机、16 位机、32 位机和 64 位机等。字长是衡量计算机性能的一个重要标志,字长越长,一次处理数据位数越多,速度越快。

### 1.2.5 了解计算机软件

**1.软件的概念**

软件是在计算机上运行的各类程序的集合,计算机通过执行程序,才能处理问题。

程序就是一组指令序列,这组指令控制计算机的如何操作,最后完成特定任务。

软件程序用计算机语言编写,具有特定语法规则,编写时必须按照规定进行,常见的计算机语言有 Basic 语言、C 语言等。

**2.计算机语言软件**

程序设计语言是编制程序的计算机语言,它是人与计算机之间进行信息交换的工具,一般分为机器语言、汇编语言和高级语言。

机器语言由二进制代码"0"和"1"组成,能够被计算机识别和执行。用机器语言编写的程序称为机器语言程序,其主要特点是执行速度快,但通用性差、烦琐、难记。

汇编语言是面向机器的语言,用自然符号(助记符)表示各种操作,是符号化的机器语言。用汇编语言编写的程序称为汇编语言程序,它不能直接由计算机来执行,必须经过语言处理程序"翻译"(即汇编)成机器语言程序后才能执行。

高级语言是面向问题的程序设计语言。高级语言与计算机硬件无关,其表达方式接近于自然语言,易被使用者掌握和接受,如 Basic,C,C++,Visual C,Visual Basic,Java 等。图 1-2-15 所示为高级语言 Visual Basic 开发界面。

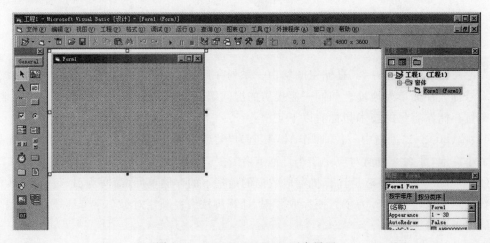

图 1-2-15　Visval Basic 开发界面

### 3.系统软件

系统软件是使计算机正常工作所安装的各种管理、监控和维护程序,其主要功能是使用和管理计算机,为其他软件提供服务。系统软件最接近计算机硬件,其他软件都要通过它的驱动发挥作用,如计算机操作系统。

操作系统负责管理计算机中软件和硬件资源,控制程序执行,为用户提供友好界面。其管理功能包括进程管理、存储管理、设备管理、文件管理和作业管理。

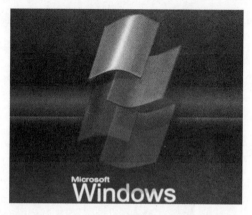

图1-2-16所示Windows操作系统,是微软公司推出的视窗操作系统。随着不断升级,微软Windows操作系统从最初的 Windows 1.0 到大家熟知的 Windows 95,Windows NT,Windows 97,Windows 98, Windows 2000, Windows Me, Windows XP,Windows Server,Windows Vista,Windows 7 等。

图1-2-16　Windows操作系统启动画面

### 4.应用软件

应用软件是解决各种实际问题的计算机应用程序,是针对用户需要,利用计算机解决某方面问题的软件包。计算机之所以被广泛使用,最根本的原因是计算机能够运行各种程序,从而发挥强大的作用。常见应用软件包括下述几个。

(1)文字处理软件 Word:对输入文字修改、编辑,并打印出来,如图1-2-17所示。

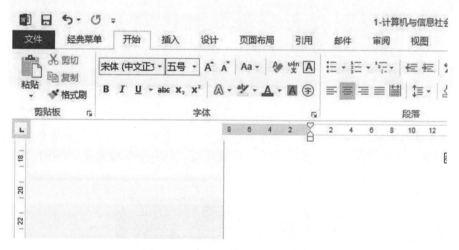

图1-2-17　文字处理软件 Word

(2)表格处理软件 Excel:根据用户要求生成各种表格,实现数据统计、计算以及图表制作功能,如图1-2-18所示。

(3)辅助设计软件 AutoCAD:绘制、修改、输出工程图纸,能大幅缩短设计周期,提高设计质量,如图1-2-19所示。

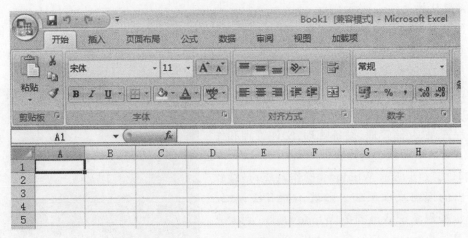

图 1-2-18　表格处理软件 Excel

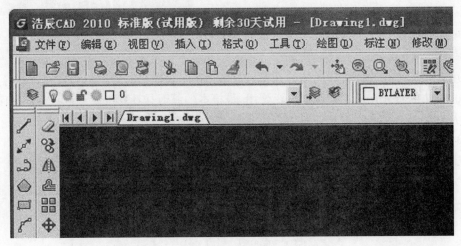

图 1-2-19　辅助设计软件 AutoCAD

　　(4)中文输入法软件:能帮助用户快速输入汉字。计算机输入以字母为基础,要输入汉字需要进行转换。常用中文输入法包括搜狗拼音输入法、智能 ABC 输入法、五笔字型输入法等。图 1-2-20 所示为搜狗拼音输入法软件界面。

图 1-2-20　搜狗拼音输入法软件界面

五笔字型输入法依据笔画和字形特征对汉字编码,是典型形码输入法。

五笔字型输入法中创造的基本字根有 130 个,加上一些基本字根变型共有 200 个左右。这些字根分布在键盘的除 Z 之外的 25 个键上,每个键位对应几个甚至十几个字根。

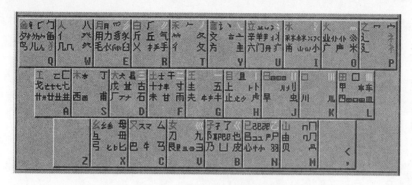

图 1-2-21 五笔字根分布

# 1.3　计算机工作过程

**【生活话题】**

大家都说说：我们使用的计算机是怎么工作的？

（老师）

开机，启动操作系统，然后打开桌面上要运行的程序。

（小明）

需要把保存在硬盘上的操作系统传给内存，内存传给CPU才能启动计算机。

（小惠）

（小梅）

内存接收到的数据要传给CPU，这样计算机才能运行！

只接收到信息不行，还得用显示器把信息显示出来给用户看，所以还需要相应的输出设备。

（小花）

大家说的都对，一台计算机要正常运行少不了软件和硬件之间的配合。

（老师）

**【话题分析】**

计算机是按照程序执行的工具,其基本原理是存储程序和程序执行。

首先,需要预先把指挥计算机如何操作的指令序列(程序)和原始数据通过输入设备输送到计算机内存储器中。然后,CPU按照每一条指令,规定计算机从哪个地址取数,进行什么操作,最后送到什么地址去操作,完成操作功能。

## 【知识介绍】

### 1.3.1　计算机数制

**1.数制的概念**

按进位原则进行计数的方法,称为进位计数制,数的进位计数制称为数制。

日常生活中人们使用最多的是十进制,但在计算机内部各种信息都用二进制表示。

**2.二进制**

计算机用电信号表示二进制数,如用低电平表示"0",用高电平表示"1",称为二进制编码。

计算机内部用"0"和"1"两个字符的组合表示世界万物。在计算机中使用二进制的原因:

(1)物理上容易实现。采用二进制,只有"0"和"1"两个状态,计算机用双稳态触发电路表示二进制数,比用十稳态电路表示十进制数容易得多。

(2)运算法则简单。二进制求和法则为逢二进一,具体规则如下:

$$0+0=0 \qquad 0+1=1 \qquad 1+0=1 \qquad 1+1=10$$

(3)逻辑性强。二进制只有"0"和"1",正好与逻辑代数中的真(True)和假(False)相对应,用二进制数进行逻辑运算十分自然。

**3.不同数制之间的转换**

(1)二进制数转换为十进制数。转换方法:按权展开式求和。

**例1-1**　把二进制数 100110 转换成相应的十进制数。

$(100110)_2 = 1\times2^5 + 0\times2^4 + 0\times2^3 + 1\times2^2 + 1\times2^1 + 0\times2^0 = 32+4+2 = (38)_{10}$

**例1-2**　把十六进制数 C3B 转换成相应的十进制数。

$(C3B)_{16} = 12\times16^2 + 3\times16^1 + 11\times16^0 = 3\ 072+48+11 = (3\ 131)_{10}$

(2)十进制数转换为二进制、八进制、十六进制数。转换方法:整数部分除基取余,小数部分乘基取整。

**例1-3**　把十进制数 25 转换成相应的二进制数。

则 $(25)_{10} = (11001)_2$。

**例1-4**　把十进制数 0.25 转换成相应的二进制数。

$$0.25$$
$$\times\ 2$$
$$\overline{\phantom{xxx}0.50}$$

取整数部分 0,接着运算:

$$\begin{array}{r} 0.5 \\ \times\ 2 \\ \hline 1.0 \end{array}$$

取整数部分 1，则 $(0.25)_{10} = (0.01)_2$。

（3）二进制数与十六进制数的相互转换。用 4 位一组法，即 4 位二进制数（从低位到高位分组）转换成 1 位十六进制数，1 位十六进制数转换成 4 位二进制数。

**例 1-5** 把二进制数 11010101110 转换成相应的十六进制数。

$$\begin{array}{ccc} 0110 & 1010 & 1110 \\ 6 & A & E \end{array}$$

则 $(11010101110)_2 = (6AE)_{16}$。

**例 1-6** 把十六进制数 5B3 转换成相应的二进制数。

$$\begin{array}{ccc} 5 & B & 3 \\ \downarrow & \downarrow & \downarrow \\ 0101 & 1011 & 0011 \end{array}$$

则 $(5B3)_{16} = (10110110011)_2$。

### 1.3.2　计算机字符编码

字符是人与计算机交互过程中不可缺少的信息，要使计算机能处理、存储字符，也必须用二进制数"0"和"1"对字符编码。常见字符编码有 ASCII 码和汉字国标码等。

ASCII 码是美国国家标准信息交换码，使用 7 位二进制数对英文字母、阿拉伯数字、标点符号及控制符进行编码，共表示 128 个字符，是目前最通用的字符编码。

ASCII 码以字节形式存储，通常 1 个 ASCII 码构成一个字节，见表 1-3-1。

### 1.3.3　计算机汉字编码

计算机处理汉字比较复杂，一方面因为键盘更适宜输入西文字符，另一方面汉字属于象形文字，数量庞大。

计算机使用二进制数表示汉字，一个字节显然不够，主要因为汉字太多，需要使用两个字节来表示一个汉字。目前，国标码（GB 2312—1980 标准）共收入 6 763 个汉字，还包括 682 个西文字母、图形符号等。

### 1.3.4　计算机工作过程

一台计算机硬件由运算器、控制器、存储器、输入设备和输出设备等五部分组成，各部分通过系统总线完成操作。

计算机在接受指令后，由控制器指挥，将数据从输入设备传送到存储器；由控制器将需要运算的数据传到运算器，由运算器处理后结果由输出设备输出，如图 1-3-1 所示。

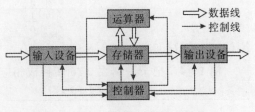

图 1-3-1　计算机工作过程示意

### 表 1-3-1 ASCII 码表

| ASCII 值 | 字符 | ASCII 值 | 字符 | ASCII 值 | 字符 | ASCII 值 | 字符 |
|---|---|---|---|---|---|---|---|
| 0 | NUL | 32 | （space） | 64 | @ | 96 | ` |
| 1 | SOH | 33 | ! | 65 | A | 97 | a |
| 2 | STX | 34 | " | 66 | B | 98 | b |
| 3 | ETX | 35 | # | 67 | C | 99 | c |
| 4 | EOT | 36 | $ | 68 | D | 100 | d |
| 5 | ENQ | 37 | % | 69 | E | 101 | e |
| 6 | ACK | 38 | & | 70 | F | 102 | f |
| 7 | BEL | 39 | ' | 71 | G | 103 | g |
| 8 | BS | 40 | ( | 72 | H | 104 | h |
| 9 | HT | 41 | ) | 73 | I | 105 | i |
| 10 | LF | 42 | * | 74 | J | 106 | j |
| 11 | VT | 43 | + | 75 | K | 107 | k |
| 12 | FF | 44 | , | 76 | L | 108 | l |
| 13 | CR | 45 | — | 77 | M | 109 | m |
| 14 | SO | 46 | . | 78 | N | 110 | n |
| 15 | SI | 47 | / | 79 | O | 111 | o |
| 16 | DLE | 48 | 0 | 80 | P | 112 | p |
| 17 | DC1 | 49 | 1 | 81 | Q | 113 | q |
| 18 | DC2 | 50 | 2 | 82 | R | 114 | r |
| 19 | DC3 | 51 | 3 | 83 | S | 115 | s |
| 20 | DC4 | 52 | 4 | 84 | T | 116 | t |
| 21 | NAK | 53 | 5 | 85 | U | 117 | u |
| 22 | SYN | 54 | 6 | 86 | V | 118 | v |
| 23 | ETB | 55 | 7 | 87 | W | 119 | w |
| 24 | CAN | 56 | 8 | 88 | X | 120 | x |
| 25 | EM | 57 | 9 | 89 | Y | 121 | y |
| 26 | SUB | 58 | : | 90 | Z | 122 | z |
| 27 | ESC | 59 | ; | 91 | [ | 123 | { |
| 28 | FS | 60 | < | 92 | \ | 124 | | |
| 29 | GS | 61 | = | 93 | ] | 125 | } |
| 30 | RS | 62 | > | 94 | ˆ | 126 | ~ |
| 31 | US | 63 | ? | 95 | — | 127 | DEL |

# 1.4　提升信息素养

## 【生活话题】

大家都说说：我们遇到不会做的题目都怎么办的？

（老师）

（小明）
不会就找"度娘"呀！

从百度上搜问题答案的时候会有很多网页，我们怎么样去辨别哪些是我们需要的信息呢？

（老师）

（小梅）
凭感觉或者碰运气。

学会找关键词或查找关键点。

（小花）

小花说的对，我们要学会从网络上梳理信息，提取我们所需的信息。

（老师）

## 【话题分析】

21 世纪是信息高速发展的时代，很多学生在课下遇到问题第一时间都会想到网络，今天的网络，只有我们想不到的，没有我们找不到的，如图 1-4-1 所示。

那么，要从浩瀚的信息海洋中获取必要的信息，学生必须具备相应的信息素养，在这信息高速发展的今天,培养学生的信息素养尤为重要。

图1-4-1 信息化时代

## 【知识介绍】

### 1.4.1 信息素养的概念

"信息素养"(Information Literacy)是全球信息化时代需要人们具备的一种基本生存能力。

信息素养是指个人具有察觉何时需要信息,且能够查询、评估、组织和利用信息的能力,简单地说,就是"发现、检索、分析和利用信息的技能和能力",如图1-4-2所示。信息素养包括文化素养、信息意识和信息技能三个层面。

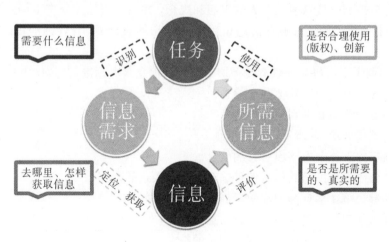

图1-4-2 信息素养

### 1.4.2 信息素养的特征

**1.信息素养是一种基本能力**

信息素养是一种对信息社会的适应能力。美国教育技术 CEO(首席执行官)论坛 2001 年第 4 季度报告提出,在 21 世纪,能力素质包括基本学习技能(指读、写、算)、信息素养、创新思维能力、人际交往与合作精神、实践能力。信息素养是其中一个方面,它涉及信息的意识、信息的能力和信息的应用。

**2.信息素养是一种综合能力**

信息素养涉及各方面知识,是一个特殊的、涵盖面很宽的能力,包含人文、技术、经济、法律诸多因素。信息技术能帮助学生建立信息素养。信息素养培养的重点不仅是利用信息技术对收到的内容进行分析、传播,还包括信息检索以及评价等更宽的方面。信息素养是一种利用信息技术进行了解、收集、评估和利用信息的知识结构,既需要熟练掌握信息技术,也需要具备完善的调查方法,还要通过鉴别和推理来完成。

信息素养是一种信息能力,信息技术是它的一种工具。

### 1.4.3 信息素养的内容

信息素养包括应用信息技术的基本知识和基本技能,是运用信息技术进行学习、合作、交流和解决问题的能力,涉及信息的意识和社会伦理道德问题。

具体而言,信息素养应包含以下四方面的内容:

(1)需要热爱生活,有获取新信息的意愿,能够主动地从生活实践中不断地查找、探究新信息。

(2)需要具有基本的科学和文化常识,能够自如地对获得的信息进行辨别和分析,正确地加以评估。

(3)需要灵活地支配信息,掌握选择信息、拒绝信息的技能。

(4)能够有效地利用信息表达个人的思想和观念,并乐意与他人分享不同的见解或资讯。无论面对何种情境,都能够充满自信地运用各类信息解决问题,有较强的创新意识和进取精神。

1998 年,美国图书馆协会和教育传播协会制定了信息素养标准,其具体内容为下述 9 条:

标准一:能够有效地和高效地获取信息。

标准二:能够熟练地和批判地评价信息。

标准三:能够精确地、创造性地使用信息。

标准四:能够探求与个人兴趣有关的信息。

标准五:能够欣赏作品和其他对信息进行创造性表达的内容。

标准六:能够力争在信息查询和知识创新中做得最好。

标准七:能够认识信息对民主化社会的重要性。

标准八:能够实行与信息和信息技术相关的符合伦理道德的行为。

标准九:能够积极参与小组的活动,探求和创建信息。

### 1.4.4　信息素养能力的表现

信息素养能力的表现主要有以下 8 种(见图 1－4－3)。

(1)运用工具。能熟练使用各种信息工具,特别是网络工具。

(2)获取信息。能根据自己的学习目标有效地收集各种学习资料与信息,能熟练地运用阅读、访问、讨论、参观、实验、检索等获取信息的方法。

(3)处理信息。能利用信息技术对收集的信息进行归纳、分类、存储、记忆、鉴别、遴选、分析综合、抽象概括和表达等。

(4)生成信息。在信息收集的基础上,能准确地概述、综合、履行和表达所需要的信息,使之简洁明了、通俗流畅并且富有个性特色。

(5)创造信息。在多种收集信息的交互作用的基础上,进发创造思维的火花,产生新信息的生长点,从而创造新信息,达到收集信息的终极目的。

(6)发挥效益。善于运用接受的信息解决问题,让信息发挥最大的社会和经济效益。

(7)信息协作。能使信息和信息工具作为跨越时空的、"零距离"的交往和合作中介,使之成为延伸自己的高效手段,同外界建立多种和谐的合作关系。

(8)信息免疫。浩瀚的信息资源往往良莠不齐,能自觉抵御和消除垃圾信息及有害信息的干扰和侵蚀。

图 1－4－3　信息素养能力的表现

# 单元二　操作和使用计算机

计算机由硬件系统和软件系统组成。其中,硬件提供实现功能,软件提供操作方法。在计算机上各种软件中,最核心、最重要的软件就是操作系统。

计算机上典型操作系统是美国微软公司的 Windows 操作系统和美国苹果公司的 MAC 操作系统;而在手机以及 PDA 等智能终端上,应用最广泛的是谷歌公司的安卓(Android)操作系统和苹果公司的 iOS 操作系统。

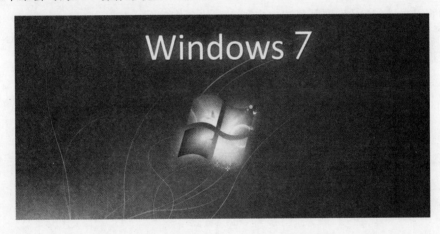

本单元学习目标:懂得操作系统基础知识,认识操作系统组成,会熟练操作各种设备。

需要实施项目包括认识 Windows 7 操作系统,在 Windows 7 中管理文件,在 Windows 7 中管理设备,了解各种智能终端操作系统。

# 2.1 Windows 7 操作系统

## 【生活话题】

我的电脑怎么打不开了，昨天下班还是好好的啊？

(林老师)

(王老师)

估计是直接关机造成操作系统文件损坏，系统不能自动启动。

哦，昨天下班走得急，直接切断电源，没有按照正常流程关机，现在怎么办啊？

(林老师)

(王老师)

待会自检看下，能否通过安全模式修复损坏的操作系统文件。如果还没有效果的话，就只能重新安装操作系统。

## 【话题分析】

操作系统(Operating System, OS)是管理和控制计算机硬件与软件资源的程序，是直接运行在"裸机"上最基本的系统软件，其他软件都必须在操作系统支持下运行。

操作系统是用户和计算机的接口，也是计算机硬件和其他软件的接口。

操作系统功能包括管理计算机硬件、软件资源，控制程序运行，改善人机界面，为其他应用软件提供支持，提供各种形式的用户界面，使用户有一个良好的操作环境。

## 【知识介绍】

### 2.1.1 了解 Windows 7 操作系统

Windows 操作系统是美国微软公司开发的一款视窗操作系统。Windows 操作系统采用图形界面、桌面系统帮助用户管理和操作计算机。

目前电脑上使用最为广泛的操作系统是 Windows 7,如图 2-1-1 所示。

图 2-1-1　Windows 7 操作系统软件

　　Windows 7 可供家庭及商业工作环境、笔记本电脑、平板电脑、多媒体中心等普遍使用,是目前个人电脑领域适配范围最广的操作系统。

　　Windows 7 是具有革命性变化的操作系统,旨在让人们的日常电脑操作更加简单和快捷,为人们提供高效易行的工作环境。

### 2.1.2　Windows 7 操作系统组成

**1.桌面**

接通电源,系统启动完成后,进入 Windows 7 桌面状态,如图 2-1-2 所示。

所谓"桌面"是占据整个屏幕的区域,由两部分组成:图标显示区兼工作区和任务栏。

Windows 7 桌面默认图标如 2-1-3 所示,主要内容包括以下几个方面。

图 2-1-2　Windows 7 桌面　　　　　　图 2-1-3　Windows 桌面默认图标

(1)图标:程序快捷方式图片,用鼠标双击启动程序。桌面上有"计算机""网络""回收站""IE 浏览器"等常见图标。

(2)计算机:显示计算机磁盘以及其他设备。

(3)网络:显示打印机和网络上其他共享资源。

(4)回收站:临时存放当前用户删除的文件或文件夹。

(5)浏览器:浏览和阅读网页的程序。

2."开始"菜单

Windows 7 操作系统的"开始"菜单位于屏幕左下方,显示当前系统上安装的所有程序软件,如图2-1-4所示。

图 2-1-4　"开始"菜单

3.任务栏

任务栏默认在桌面底部,包含系统"开始"按钮。单击任务栏按钮,可以在各项程序之间切换,如图 2-1-5 所示。也可隐藏任务栏,通过拖动移至桌面两侧或顶部布置任务栏。

图 2-1-5　任务栏

4.窗口

窗口是 Windows 操作系统中最重要的组成部分,是用户与应用程序之间的交互界面。用户运行一个应用软件时,就创建一个窗口。

一个典型窗口如图 2-1-6 所示,包括以下几个部分:

(1)窗口边框:窗口四条边。当鼠标移动到边框上,指针变成双向箭头,拖拉可改变窗口大小。

(2)标题栏:每个窗口都有一个标题栏,位于窗口顶部,显示程序名称。

(3)最小化按钮:单击将窗口缩小成按钮放在任务栏上。

(4)最大化按钮:单击使窗口扩大至整个桌面,同时,变成"恢复"按钮。单击"恢复"按钮,该窗口又还原到最大化之前大小。

(5)关闭按钮：单击"✕"按钮可关闭窗口。

(6)菜单栏：位于标题栏下方，由一系列选项式命令组成，实现程序各项功能，不同窗口菜单内容会有差别。

(7)工具栏：窗口上显示一些常用功能图形工具，更方便快捷操作。

(8)工作区：窗口中间用户编辑区域，内容也因程序不同而有较大差别。

(9)滚动条：窗口周围滚动条，利用滑块可将窗口中内容显示出来。

(10)状态栏：位于窗口底部，查看当前状态和上、下文信息。

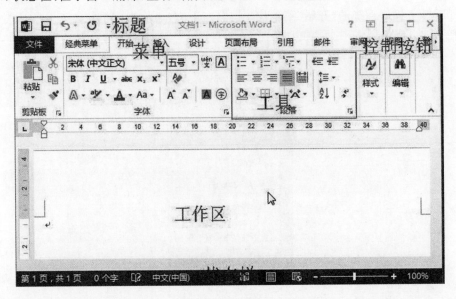

图 2-1-6 窗口

5.对话框

对话框是人机交流的一种方框，包含按钮和各种选项，用以完成特定操作，如图 2-1-7 所示。

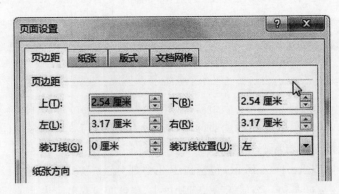

图 2-1-7 对话框

对话框和窗口区别是：对话框没有最大化、最小化按钮，不能改变大小。

6.菜单

菜单是窗口中将操作的命令以层级方式显示出来的方法。常见菜单包括开始菜单、程序菜单、右键快捷菜单等不同类型,图2-1-8所示为程序菜单。

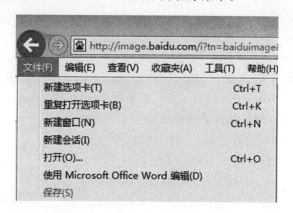

图2-1-8 程序菜单

7.工具栏

工具栏是常用菜单图形化,方便用户操作工具,如图2-1-9所示。

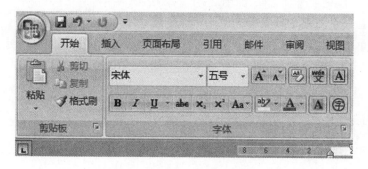

图2-1-9 Word软件工具栏

## 【操作实践】

设置Windows 7个性化桌面。

## 【任务描述】

桌面主题是Windows 7操作系统为用户自定义的一套配置,包括字体、色彩、声音和其他窗口元素的集合。一个桌面主题可以由多方面元素构成,可以改变某个主题中一个或多个元素。通过配置个性化的桌面内容,方便高效工作。

## 【任务目标】

设置Windows 7的个性化桌面。

## 【环境要求】

安装有Windows 7的计算机(1台)。

## 【工作过程】

### 1.设置屏幕分辨率

步骤一:在 Windows 7 桌面的空白处单击右键,弹出快捷菜单,选择"屏幕分辨率"选项,如图 2-1-10 所示。

步骤二:弹出"设置屏幕分辨率"对话框,如图 2-1-11 所示,在分辨率下拉窗口中,选择屏幕分辨率大小。

屏幕分辨率决定屏幕上信息数量,分辨率以像素为单位,Windows 7 操作系统的标准配置中,17in(1 in=2.54 cm)显示器标准分辨率为 1366 像素×768 像素。其中,低分辨率能使屏幕上图标显示变大,而高分辨率扩大屏幕区域,单个图标会变小。

### 2.设置桌面主题

在桌面空白处单击鼠标右键,弹出快捷菜单,选择"个性化"选项,打开个性化主题对话框,如图 2-1-12 所示。

从"更改计算机上的视觉效果和声音"下拉列表框中选择喜欢主题,单击"保存主题"按钮,即可完成个性化设置,如图 2-1-13 所示。

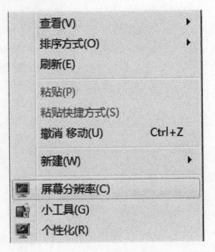

图 2-1-10　设置屏幕分辨率

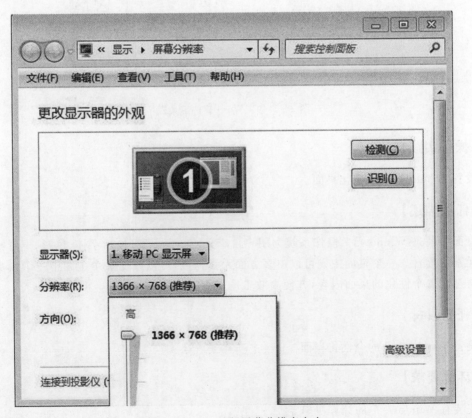

图 2-1-11　选择屏幕分辨率大小

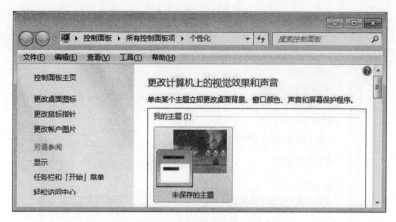

图 2-1-12 打开个性化主题对话框

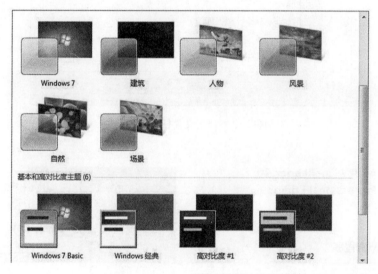

图 2-1-13 选择个性化主题

3.设置任务栏

在桌面下方任务栏上单击鼠标右键,在打开的快捷菜单中选择"属性"命令,打开如图 2-1-14 所示快捷菜单。

选择"属性"选项,打开"任务栏和'开始'菜单属性"对话框,单击"任务栏"选项卡,完成任务栏各种配置操作,如图 2-1-15 所示。

4.关闭计算机

选择"开始"菜单中"关机",如图 2-1-16 所示,以默认方式退出 Windows 7 操作系统,有利于保护计算机中的系统文件安全退出。

图 2-1-14 设置任务栏

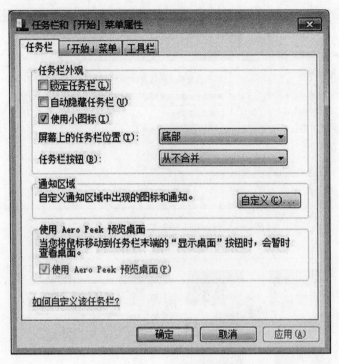

图 2-1-15　设置任务栏属性

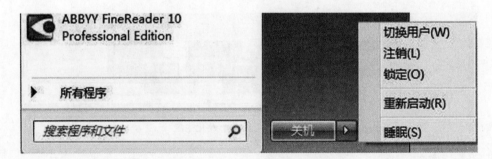

图 2-1-16　关闭计算机

# 2.2　文件管理

## 【生活话题】

我昨天做的加班表找不到，不知道存在电脑的什么地方，怎么找到文件啊？

(林老师)

(王老师)

直接双击桌面上"计算机"图标，在打开的窗口中，找到"搜索"栏，搜索文件就可以了。

但是我具体的文件名记不清楚了，只记得有"加班""表"这几个关键字，也可以找到吗？

(林老师)

(王老师)

可以的，Windows 7操作系统支持模糊搜索的功能，在搜索的文件名中如果有不清楚的地方，可以使用"？"或者"*"等通配符号来代替，采用模糊检测方式也能找到需要的文件。

## 【话题分析】

就像生活中档案柜中使用牛皮袋整理文件一样，操作系统也需要管理计算机上复杂的文件。和之前版本不同的是，在 Windows 7 操作系统中，摒弃"资源管理器"管理文件工具，使用"计算机"新文件管理工具，采用树形文件夹管理方式，提供计算机上文件管理服务。

通过本单元学习，认识 Windows 7 文件管理基础知识，完成文件夹新建、文件新建、文件属性设置等文件管理方法，会快速找到所需要的文件。

## 【知识介绍】

### 2.2.1　认识文件

1.文件的概念

"文件"是 Windows 7 操作系统中为实现信息的管理功能，存储在计算机上的基本信息单位。计算机上的文件可以是以文档、图片、程序等形式呈现。

为了区分不同文件,必须给文件命名,计算机对文件实行按名存取方式操作。不同程序产生的文件各不相同,通过文件名或图标来识别文件,如图 2-2-1 所示。

图 2-2-1　按名存取方式管理文件

**2.了解文件名**

计算机通过按文件名方式管理和识别文件,标准的文件名格式为:主文件名＋扩展名。其中:主文件名为文件标识名,由多个字符串组成,最多可使用 255 个字符;扩展名也称文件后缀名,是操作系统标识文件类型的一种机制,通过扩展名区分文件类型,表示该文件所属文件类型,判定文件种类,了解文件格式和用途。

如:在"4 月份报表.doc"文件名中,"4 月份报表"是主文件名,"doc"为扩展名,表示该文件为 Word 文件。常见的文件扩展名见表 2-2-1。

**表 2-2-1　扩展名**

| 类　型 | 扩展名及打开方式 |
| --- | --- |
| 文档文件 | txt(所有文字处理软件或编辑器都可打开)、doc(Word 及 WPS 等软件可打开)、rtf(Word 及 WPS 等软件可打开)、html(各种浏览器可打开)、pdf(adobe acrobat reader 电子阅读软件可打开) |
| 压缩文件 | rar,zip,arj(用 winzip,arj 解压缩后打开);gz,z(UNIX 系统压缩文件,用 winzip 打开) |
| 图形文件 | bmp,gif,jpg,pic,png,tif(常用图像处理软件可打开) |
| 声音文件 | wav,aif,au,mp3,mp4,ram(由暴风影音等播放器打开) |
| 系统文件 | int,sys,dll,adt |
| 可执行文件 | exe,com |

**3.文件名通配符**

在计算机中通过文件名查找文件时,希望快速找到符合要求的一批文件,使用通配符可实现这一目标。通配符有"＊"和"?"两种,其中:

(1)"?"表示该位置处的任何一个字符。

(2)"＊"表示该位置处的任一字符串。

如:磁盘上有 ADD.DOC,ADD1.DOC,ADD2.DOC,ADD3.DOC 和 ADD.DAT 五个文件。

ADD?.DOC：表示 ADD1.DOC，ADD2.DOC，ADD3.DOC。

ADD.*：表示 ADD.DOC，ADD.DAT。

*.DOC：表示 ADD1.DOC，ADD2.DOC，ADD3.DOC，ADD.DOC。

*.*：表示所有的文件。

如图 2－2－2 所示，在桌面上打开"计算机"程序，在窗口的搜索栏中输入"*.doc"，查找以"doc 为扩展名的文件"。

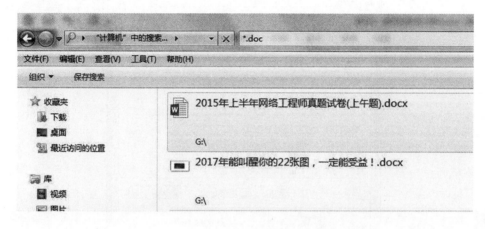

图 2－2－2　搜索栏中使用通配符模糊检索文件

### 2.2.2　了解文件的属性

计算机中的文件，根据性质分为系统、隐含、只读和归档四种不同属性，针对不同属性可以采取文件保护操作。

**1.系统属性(S)**

具有系统属性的文件，属于专用系统文件(如 DOS 系统文件 IO.SYS 和 MSDOS.SYS)。其特点是文件本身被隐藏起来，不能用 Windows 操作系统命令列出目录，也不能被删除、拷贝和更名。

**2.隐含属性(H)**

具有隐含属性的文件，其特点是文件被隐藏起来，不能用操作系统命令列出目录清单，也不能被删除、拷贝和更名。

**3.只读属性(R)**

具有只读属性的文件，其特点是能读入内存，也能被拷贝，但不能用 Windows 操作系统命令修改，也不能被删除。

对于一些重要的文件，可设置为只读属性，以防止文件被误删。

**4.归档属性(A)**

文件的归档属性，则表明文件写入时被关闭。各种文件生成时，Windows 操作系统均自动将其设置为归档属性。改动过的文件，也会被自动设置为归档属性；做过备份的文件，则会自动取消归档属性。

只有具有归档属性的文件，才可以对其进行列目录清单、删除、修改、更名、拷贝等操作。

选中文件，按鼠标的右键，在弹出的快捷菜单中选择"属性"，打开文件属性配置对话框，在文件相关属性复选框中打上勾即可完成文件属性修改，如图 2-2-3 所示。

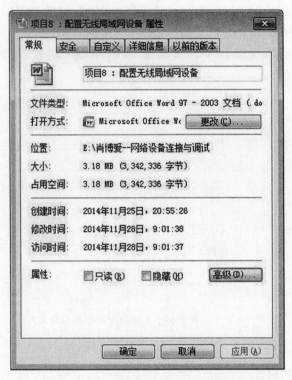

图 2-2-3　修改文件或者文件夹属性

还可以选择"高级"按钮，打开文件属性高级对话框，完成文件高级属性设置，如图 2-2-4 所示。

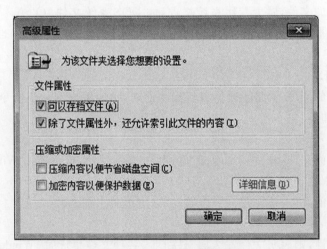

图 2-2-4　设置文件高级属性

### 2.2.3　了解文件夹

文件夹是 Windows 操作系统中存放文件的工具,是组织和管理磁盘文件的一种数据结构,每一个文件夹对应一块磁盘空间。

使用文件夹分门别类地管理文件,因此也把文件夹称为文件目录,如图 2－2－5 所示。

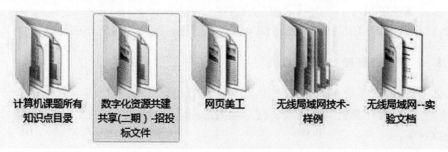

计算机课题所有　　数字化资源共建　　网页美工　　无线局域网技术-　　无线局域网--实
知识点目录　　共享(二期)-招投　　　　　　　　　　样例　　　　　　验文档
　　　　　　　　标文件

图 2－2－5　文件夹

### 2.2.4　管理文件系统的方法

每个磁盘有独立的文件目录。在磁盘中,为每个文件设置一个目录项,记载该文件文件名,建立或最近一次修改时间,在盘中起始位置和文件的总数据长度。

文件在磁盘中的空间位置随机分配,整个文件内容也不一定连续保存在连续空间。

文件在磁盘中占用哪些扇区以及哪些扇区还空闲,都记录在文件分配表(FAT)中。文件分配表与文件目录一起,共同完成对磁盘文件的管理。

1.树形结构的概念

计算机磁盘在初始化时,自动在磁盘上建立一个目录,称为磁盘根目录。在根目录下,依次存放系统或用户文件,如图 2－2－6 所示。

在每个子目录下,既可以存放文件,也可以建立子目录的子目录,形成一个树形层次结构,树形文件夹管理结构把文件以及文件夹之间的关系直观表示出来。

图 2－2－6　树形文件管理方式

2.路径

路径标明文件所在目录,用符号"\"作为目录名与目录名之间分隔,路径最前符号表示根目录,如某文件位置为"C:\USER\USER1_1\A.TXT"。

路径有绝对路径和相对路径两种:

(1)绝对路径指从根目录开始,直到文件所有目录名序列。

(2)相对路径指相对于当前目录的目录名。

如当前目录为 USER1,USER2 下的 A.TXT 的相对路径为"..\USER2"。

### 2.2.5 了解文件管理工具"计算机"

Windows 7 操作系统桌面上"计算机"组件,是管理文件的工具。

在桌面上选择"计算机"图标,双击打开如图 2-2-7 所示"计算机"文件管理窗口,显示两个不同窗格栏。

在左边窗格栏中,以树形结构显示文件夹列表;右边窗格栏显示左窗格中对应文件夹中的文件内容。

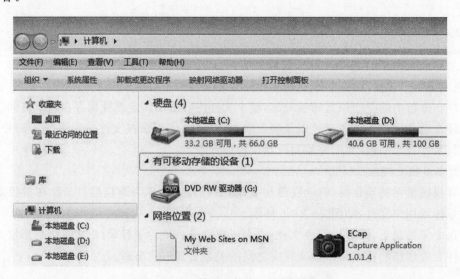

图 2-2-7 管理文件的工具"计算机"

在树形目录中,如果文件夹左边有"+",单击"+",可以展开包含的子文件夹。单击"-"可以把已经展开内容折叠起来,"-"就会变成"+"。

### 【操作实践】

在 Windows 7 中管理文件。

### 【任务描述】

文件是存储在计算机硬盘上的信息集合,文件夹是管理文件的方法。为了方便文件的查找和存档,Windows 操作系统中采用树形文件夹管理结构,按级分层存放和管理文件。

## 【任务目标】

在 Windows 7 中管理文件。

## 【环境要求】

安装有 Windows 7 的计算机（1 台）。

## 【工作过程】

1.打开计算机文件管理窗口

步骤一：在桌面上双击打开"计算机"文件管理窗口，如图 2-2-8 所示。

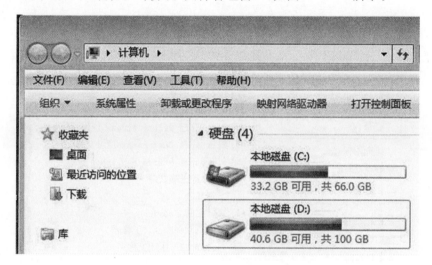

图 2-2-8　打开文件管理工具

步骤二：在文件管理窗口中，选择"本地磁盘（D:）"，鼠标双击打开，如图 2-2-9 所示。

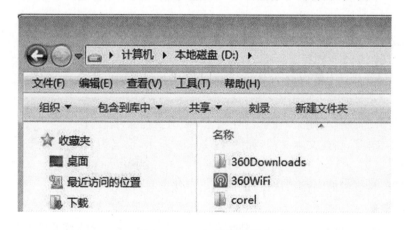

图 2-2-9　打开指定磁盘

在文件管理窗口的地址栏中，输入文件路径或使用文件搜索方式查找文件，如图 2-2-10 所示。

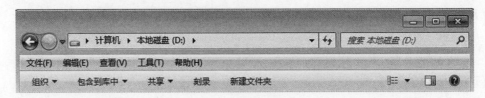

图 2-2-10 查询文件

2.新建文件夹

步骤一:在"本地磁盘(D:)"窗口中空白处右击,在弹出快捷菜单中选"新建"→"文件夹"选项,如图 2-2-11 所示。

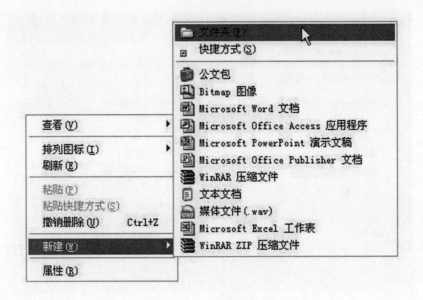

图 2-2-11 新建文件夹

步骤二:选择新建文件夹,把"新建文件夹"命名为"张春华",如图 2-2-12 所示。

步骤三:打开"张春华"空文件夹,在新建文件夹空白处右击,弹出快捷菜单,选择"新建"→"文件夹",创建"资料""作业"两个文件夹,如图 2-2-13 所示。

图 2-2-12 重命名文件夹

步骤四:打开"资料"文件夹,在空白处右击,弹出快捷菜单,选择"新建"→"文本文档",新建文本文档,如图 2-2-14 所示,命名为"张春华的文档"。

选择窗口工具栏中的"后退"按钮,返回到上一级文件夹。

3.操作文件夹

步骤一:在"本地磁盘(D:)"窗口中选择"张春华"文件夹,右键打开快捷菜单,选择"复制",如图 2-2-15 所示。

步骤二:在"本地磁盘(D:)"窗口空白处,右键打开快捷菜单,选择"粘贴",即可完成文件夹复制操作。

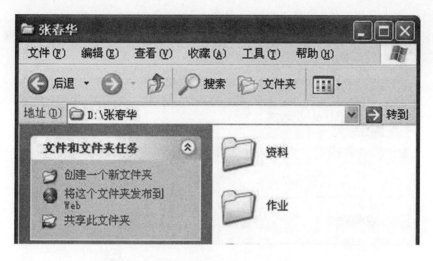

图 2 - 2 - 13 新建文件夹

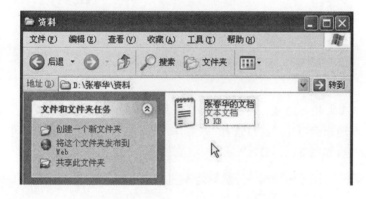

图 2 - 2 - 14 新建文本文档

上传到百度云

自动备份到百度云

还原以前的版本(V)

发送到(N) ▶

剪切(T)

复制(C)

创建快捷方式(S)

删除(D)

重命名(M)

图 2 - 2 - 15 复制文件夹

使用同样方式完成文件"移动""删除""重命名"等文件操作。

关于删除操作,可以打开桌面上"回收站",在误删文件上,右击选"还原"命令恢复误删除文件,如图 2-2-16 所示。

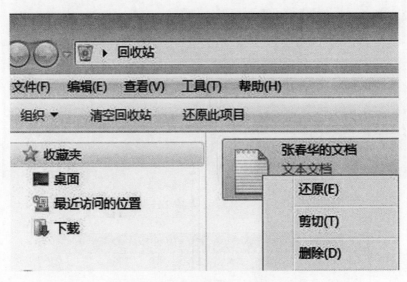

图 2-2-16　在回收站中还原文件

4.设置文件以及文件夹隐藏

步骤一:在"本地磁盘(D:)"窗口选择"张春华"文件夹,右键打开快捷菜单,选择"属性"选项,打开属性对话框,如图 2-2-17 所示。

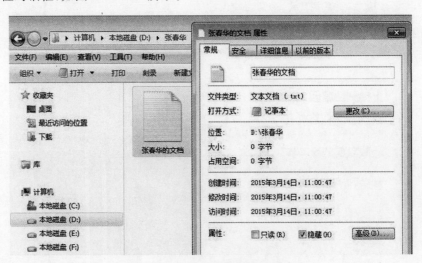

图 2-2-17　打开文档属性对话框

步骤二:勾选"隐藏",即可完成文件"隐藏"功能。

# 2.3　硬件管理

## 【生活话题】

我的电脑怎么没有声音了，声音播放器调到最大都不行，这是怎么回事？

(林老师)

(王老师)

估计是声卡驱动程序丢了，在控制面板中看看声卡驱动程序是否正常。

控制面板是什么东西？桌面上怎么找不到，在电脑的哪儿能找到啊？

(林老师)

(王老师)

控制面板是微软Windows操作系统中，管理硬件设备和程序的工具。通过安装声卡驱动程序，能恢复声卡播放功能。打开操作系统"开始"菜单，找到控制面板，在里面找到"硬件和声音"就可以了。

## 【话题分析】

　　Windows 7 操作系统中"控制面板"提供了更改 Windows 的外观和行为方式的工具。通过这些工具调整计算机配置,使计算机更加适合用户差异化使用。此外,还可以通过控制面板完成本机的防火墙以及账号密码等安全防范措施实施。

　　通过本单元的学习,了解 Windows 7 的"控制面板"基础知识,完成计算机的硬件以及计算机的安全设置。

## 【知识介绍】

### 2.3.1　了解 Windows 7 控制面板

1.什么是控制面板

控制面板是 Windows 操作系统中管理硬件的工具,提供了丰富的更改 Windows 的外观和配置计算机硬件的工具,允许用户查看和更改系统设置,完成硬件设置。

2.使用 Windows 7 控制面板

打开"开始"菜单,选择"控制面板",打开"控制面板"窗口,如图2-3-1所示。

Windows 7 系统的控制面板窗口,以"类别"方式显示各项功能:系统、安全、用户账户和家庭安全、网络和 Internet、外观和个性化、硬件和声音、时钟语言和区域、程序、轻松访问等,如图2-3-2所示。

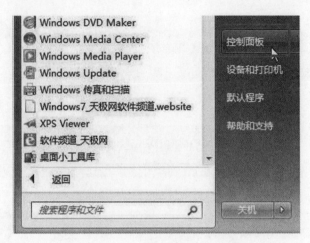

图 2-3-1 打开"控制面板"窗口

图 2-3-2 控制面板窗口

Windows 7 的控制面板还提供搜索功能,用户在控制面板右上角搜索框中输入查询的关键词,回车即可看到搜索结果,如图2-3-3所示。

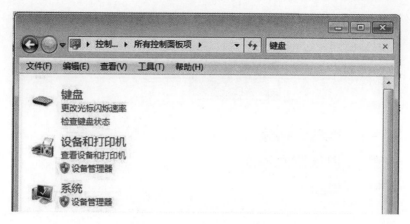

图 2-3-3  使用搜索快速查询

### 2.3.2  使用控制面板优化显示器

**1.设置显示器**

使用控制面板工具,完成显示器参数配置,完成显示效果优化。

在控制面板窗口中选择"显示"项,打开"显示"窗口,如图 2-3-4 所示。

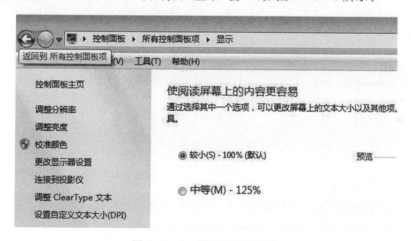

图 2-3-4  设置显示器设备

**2.调整显示器分辨率**

选择"调整分辨率"选项,完成调整显示器分辨率、更改显示器外观和显示方式,如图 2-3-5 所示。

**3.调整显示器亮度**

选择"开始"菜单→"控制面板"→"电源选项"窗口,分别选择"平衡"或"节能"选项,完成显示器亮度调整,更改显示的亮度,增强最佳视觉效果,使计算机工作更加节能,如图 2-3-6 所示。

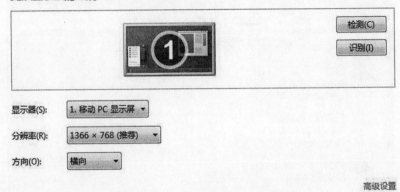

图 2-3-5　设置显示器分辨率

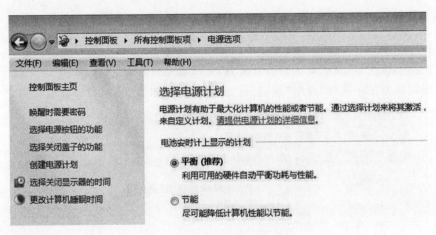

图 2-3-6　调整显示器亮度

4.连接显示器和投影仪

选择"连接到投影仪"选项,打开如图 2-3-7 所示对话框。选择连接方式,完成显示器和其他外接显示设备连接。

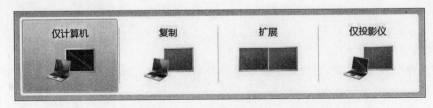

图 2-3-7　连接外部显示设备

### 2.3.3　管理用户账户

默认情况下,Windows 操作系统没有密码保护,开放全部资源给用户使用,这会造成安全隐患事件的发生。通过给 Windows 操作系统设置管理员账户、来宾账户或者其他账户,增加密码,保护计算机系统安全。

Windows 操作系统提供有三种不同类型的账户:Administrator、用户自建的标准账户和 Guest 账户。不同类型的账户拥有的权限也不同。

1.Administrator(系统管理员)账户

Administrator 是"系统管理员"账号,即所谓的"超级用户"。每台计算机均有一个 Administrator 系统管理员账号,拥有计算机管理的最高权限,其他新建账户都在它下面派生,如图 2-3-8 所示。

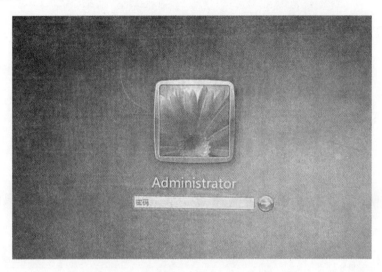

图 2-3-8　Administrator 系统管理员账号

由于 Administrator 管理员账户拥有最高管理权限,因此获取该账号,可以获取到电脑中的所有信息,需要十分注意保护该账号的安全。

2.标准账户

标准账户默认为管理员账户。可以根据需要,创建多个具有管理员权限的标准账户,赋予标准账户的管理员权限或受限用户权限,如图 2-3-9 所示。

图 2-3-9　创建标准账户

### 3.Guest(来宾)账户

在计算机中,Guest 为"来宾账户"。与"Administrator"和"标准账户"不同,这个账户没有修改系统设置和安装程序权限,只能读取计算机系统信息和文件,如图 2-3-10 所示。

图 2-3-10　Guest 账户

打开控制面板,选择"用户"项,打开"用户账户"窗口,完成各种账户的权限设置,如图 2-3-11 所示。

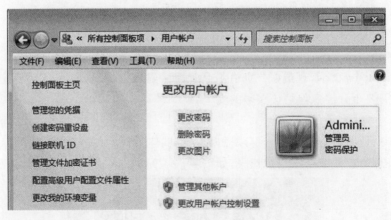

图 2-3-11　创建和设置用户账户

### 2.3.4　管理硬件设备

使用控制面板工具,还可以完成本机上安装设备优化,如图 2-3-12 所示。

在控制面板窗口中选择"设备"项,打开"设备"窗口。通过该对话框显示设备情况,了解设备连接参数、连接状态以及设备配置参数等信息。

图 2 - 3 - 12 配置和优化硬件设备

## 【操作实践】

在 Windows 7 中管理用户账号。

## 【任务描述】

办公室中公用电脑连接了办公室中打印机,方便教师和学生打印使用。为安全管理需要,需要创建不同的打印账号,保护打印机系统的安全。

## 【任务目标】

在 Windows 7 中管理用户账号。

## 【环境要求】

安装有 Windows 7 的计算机(1 台)。

## 【工作过程】

1.管理用户账号

步骤一:设置"Administrator(管理员)"账户密码。

在"控制面板"窗口中选择"用户账户"项,打开"用户账户"窗口。

在"用户账户"窗口中选择"Administrator(管理员账户)",更改管理账户密码。

选择"管理其他账户"按钮,增加、启动新用户,如图 2 - 3 - 13 所示。

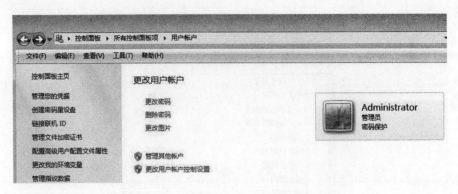

图 2-3-13　更改 Administrator 账户密码

步骤二：启动"Guest（来宾）"账户。

单击"管理其他账户"按钮，打开新用户管理窗口，单击"Guest（来宾）"按钮，启用 Guest（来宾）账户，如图 2-3-14 所示。

图 2-3-14　创建 Guest（来宾）账户

选择"创建一个新账户"选项，赋予新建账户更高管理权限，如图 2-3-15 所示。

图 2-3-15　赋予新建账户管理权限

步骤三：取消账户密码。

如果要取消密码设置，在第二步要求中输入新密码时，直接回车即可。

如果要取消"Guest（来宾）"账户，点击"Guest（来宾）"账户，在打开"Guest（来宾）"账户上，选择"关闭"选项。

2.卸载应用程序和 Windows 组件

打开"控制面板"窗口，选择"程序和功能"选项，如图 2-3-16 所示。

　　在打开的"程序和功能"窗口中选择相应程序,单击"卸载或者更改"按钮,完成已安装程序的卸载任务,如图 2 - 3 - 17 所示。

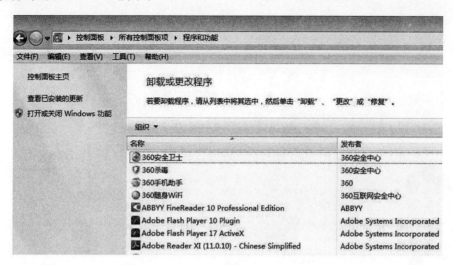

图 2 - 3 - 16　打开系统程序和功能对话框

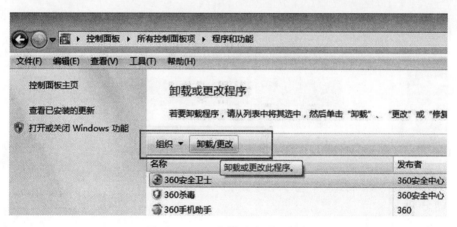

图 2 - 3 - 17　卸载或者更改程序

# 2.4 Android 移动操作系统

## 【生活话题】

怎么把手机上的图片传输到电脑上啊？

(林老师)

(王老师)

通过数据线，连接电脑和手机，通过360手机助手完成这两种不同类型操作系统通信连接，实现不同类型设备之间通信。

可我今天没有带数据线，有没有其他传输方式啊？

(林老师)

(王老师)

把手机上的图片传输到电脑上，有多种不同方式，例如，可以通过手机版本的微信和电脑版本的微信直接传输，或者手机版本的QQ和电脑版本的QQ之间传输也可以实现。

## 【话题分析】

Windwows 7 操作系统是计算机上广泛使用的操作系统。但在手机等智能移动终端上广泛使用的是"安卓"(Android)操作系统。

Android 是一种基于 Linux 的自由及开放源代码的操作系统，主要安装在移动设备，如智能手机和平板电脑上，由 Google 公司和开放手机联盟开发。2007 年 11 月，Google 与 84 家硬件制造商、软件开发商及电信营运商组建开放手机联盟，共同研发 Android 系统，Android 移动系统逐渐扩展到平板电脑及其他智能终端上，如电视、数码相机、游戏机等。

## 【知识介绍】

### 2.4.1 了解手机操作系统

随着移动通信技术的飞速发展，迎来了移动多媒体时代，手机作为人们必备的移动通信工具，已从简单的通话工具向智能化发展，演变成一个移动的个人信息收集和处理平台。借助操作系统和丰富的应用软件,智能手机成了一台移动终端。

手机操作系统主要应用在智能手机上,目前应用在手机上的操作系统主要有Android(谷歌)、iOS(苹果)、Windows phone(微软)、Symbian(诺基亚)、BlackBerry OS(黑莓)、Windows mobile(微软)等。图2-4-1所示为应用广泛的iOS和Android系列。

### 2.4.2　安卓操作系统简介

安卓(Android)是以Linux为基础的开放源代码操作系统,主要应用在便携设备。

Android操作系统最初由Andy Rubin公司开发,2005年由Google公司收购,组建开放手机联盟,逐渐扩展到平板电脑及其他

图2-4-1　iOS和Android操作系统

领域上。2012年7月,Android占据全球智能手机操作系统市场59％的份额,中国市场占有率为76.7％。

图2-4-2所示的安卓系统开源操作系统,主要针对手机等移动终端设备开发,其开放性强、兼容性好,对应的APP研发、创新也多,市场占有率很高。

Android平台最大优势是开放性,允许任何移动设备厂商、用户和小程序开发商加入Android联盟中,推出各具特色的应用产品,由此诞生丰富、实用性好、新颖、别致的应用。

### 2.4.3　苹果手机系统简介

智能手机以Google公司Android和苹果公司iOS两种操作系统为主,那它们各自有什么特点?

由苹果公司为iPhone手持设备开发的操作系统iOS,搭载在iPhone硬件设备上,和硬件无缝融合,速度快,使用方便,灵活。但由于iOS是封闭开发系统,支持的APP应用程序少,如图2-4-3所示。

### 【操作实践】

1.把手机中文件传输到电脑上

生活中有时需要把手机中的文件传到电脑上,使用微信可以方便实现。

先在电脑上安装电脑版微信,在百度中搜索可以找到,如图2-4-4所示。

安装微信电脑版后,打开电脑上微信图标,弹出一个登录二维码,如图2-4-5所示。

打开手机微信客户端,如图2-4-6所示,扫一扫电脑上二维码,手机上提示确认登录。

图 2-4-2　安卓系统

图 2-4-3　iOS 系统

图 2-4-4　下载 PC 版本微信

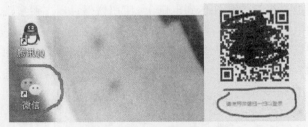

图 2-4-5　安装 PC 版本微信

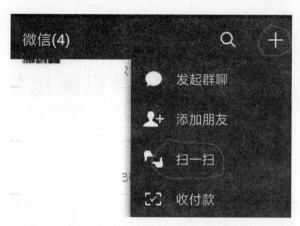

图 2-4-6 PC 版本微信登录

登录电脑版本以后,在手机微信与电脑微信中,都会出现"文件传输助手"功能,如图 2-4-7 所示。

图 2-4-7 电脑微信中的"文件传输助手"功能

在手机上找到需要传到电脑上的文件,长按出现快捷菜单,选择"转发给朋友",或找到"文件传输助手",如图 2-4-8 所示。

图 2-4-8 文件转发

点击发送后就可以把文件传到对端设备上。

# 单元三　计算机网络

　　网络给人类的生活带来了翻天覆地的变化：想了解国家大事，新浪网可以帮助我们；想要查找资料，百度、谷歌可以帮助我们；需要购物时，去淘宝网就可以搞定；想看电影时，去优酷、土豆；想去旅游或回家，提前在 12306 上预订一张火车票，上携程上预定酒店；甚至有什么烦恼、困惑，上"知乎"网寻求帮助……

　　今天，人类的生活步入"Internet＋"的时代，网络改变了人类的生活，渗透到日常生活的方方面面，与人们的生活息息相关。

　　本单元帮助大家学习一些网络术语，认识身边的网络，熟练使用 Internet。

# 3.1 身边的网络

【生活话题】

大家都说说：天天都离不开手机，平时都用网络来做什么啊？

（老师）

（小明）

遇到不会的东西就去百度问，从网络上很快就找到答案。

使用微信看朋友圈，使用微信和父母聊天。和打电话比，微信电话不仅不需要付电话费，还可以视频聊天。

（小惠）

（小梅）

我喜欢上淘宝，在淘宝上买东西，不仅便宜，还能直接送货到家。

还可以买火车票，在12306上买火车票，通过微信、支付宝或者银行卡支付，直接刷身份证上车，互联网购票真是太方便了。

（小花）

嗯嗯，大家说的都对！每一天，我们都生活在网络世界中，都在使用网络学习、生活和工作。多彩的网络改变了我们的生活，带领我们走进互联网的新时代，也使人类社会步入信息社会。

（老师）

【话题分析】

今天，互联网已经渗透入每一个角落，成为一种生活方式，越来越多的人成为网络的一部分，再也离不开互联网。互联互通的网络已经成为人们生活不可少的东西，如同水、电、天然气等一样成为生活的基本保障，网络改变了人类的生活和工作。

就像住房、吃饭是人的刚需一样，依托网络的社交也逐渐成为人们精神上的刚需。仅靠串串门、吃吃饭、电话聊聊天建立感情,这样的社交方式正在慢慢远离人们的生活,伴随着互联网的发展,年轻人对社交网络的接受度要更高,聊 QQ、看微信、发空间、刷微博、逛贴吧……这一系列的社交网络行为受到青睐。网络社交也正成为生活里的一种自然状态。

**【知识介绍】**

21 世纪的重要特征就是数字化、网络化和信息化,网络已成为信息社会的命脉,是发展知识经济的重要基础。

广义的网络泛指"三网",即电信网络、有线电视网络和计算机网络。发展最快并起到核心作用的还是计算机网络,并实现三网融合,如图 3-1-1 所示。

图 3-1-1 三网融合

三网融合的场景在生活中到处可见:手机可以上网、看电视;电视可以上网、开视频会议;计算机可以看电视、打电话,如图 3-1-2 所示。

图 3-1-2 三网合一"网真视频会议"

未来,实现以计算机为核心的万物互联的网络,也就是"物联网"(Internet of things, IOT)。物联网就是物物相联的互联网,其核心和基础仍然是 Internet。但用户端延伸到物品与物品之间,万物之间进行信息交换和通信,如图 3-1-3 所示。

物联网是"信息化"时代的重要发展阶段,是继计算机、Internet 之后世界信息产业发展的第三次浪潮。

图 3-1-3　万物相联的物联网

### 3.1.1　了解身边的网络

生活中把分散的计算机、智能终端设备连接起来,就组成了计算机网络。

今天的人们生活已离不开网络:人们使用网络改善工作,提升工作效率;使用网络丰富生活,开阔视野;使用网络教学,开展网上学习,改革传统的课堂……

图 3-1-4 所示为 Internet 时代的"云课堂"教学场景。

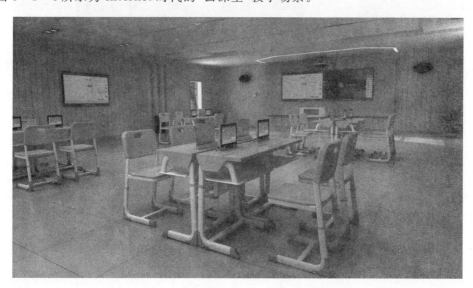

图 3-1-4　Internet 时代的云课堂教学场景

今天,接入网络的不再只是计算机,还包括智能手机、电视机以及 PDA 等更多智能设备,大大拓展了网络范围,图 3-1-5 所示为接入网络中的多种智能终端设备。

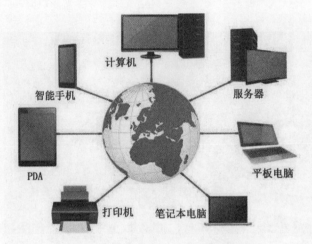

图 3-1-5　网络中接入多种智能终端设备

随着移动通信技术的发展,特别是移动通信技术和 Internet 技术结合,形成的移动 Internet,以方便、快捷优势,逐渐发展成为"Internet+"时代的重要产物。

如图 3-1-6 所示,人们在地铁中使用智能手机,通过移动 Internet 阅读新闻。

图 3-1-6　移动"Internet+"在地铁上获取资讯

现在的科学家们还在研究借助传感技术,帮助感知生活中万物,再通过"Internet+"连接,形成人与物、物与物相联,形成万物相联的物联网络。

图 3-1-7 所示为未来家庭场景中,万物相联的家庭物联网场景。

图 3-1-7　物物相联的物联网

### 3.1.2　网络协议实现通信

早期的人们只把计算机设备,利用通信线路和通信设备连接起来,通过协议实现通信,实现资源共享和通信的系统集合,称为"计算机网络"。

今天的人们把一切智能终端,如 PC、笔记本、手机、PDA 机和苹果机等互连在一起,形成广义上的计算机网络,简称"网络",如图 3-1-8 所示。

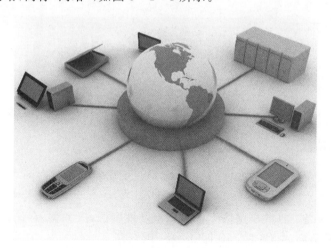

图 3-1-8　智能终端互连形成网络(广义)

如何实现不同类型的设备之间互相通信?

在网络中,所有设备必须使用共同"语言"通信,也就是通信协议,如 TCP/IP 协议。

网络通信协议是所有网络设备必须遵守的通信规则,规范网络设备之间如何进行信息交换,如何传输数据,如何实现通信。

如图3-1-9所示,连接在Internet中的不同子网之间,都运行相同的TCP/IP协议,实现各个子网之间互连互通。

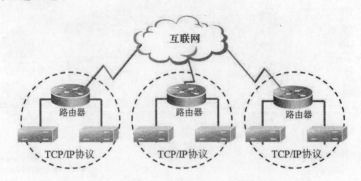

图3-1-9 网络通信语言:通信协议

把两台计算机连接起来,就组成一个世界上最小的对等网络;通过光纤和网络互连设备,把全世界计算机连接起来,就形成了今天最大的网络——Internet,如图3-1-10所示。

图3-1-10 Internet把全世界用户连接在一起

### 3.1.3 网络的功能

连接在一起的实现互连互通的网络,主要实现以下功能。

1.共享网络资源

连在网络中的设备允许共享网络上各种类型硬件资源:服务器、存储器、打印机等。共享硬件的好处是:提升效率、节约开支,如图3-1-11所示。

此外,网络还允许多个用户同时共享网络软件系统,如数据库管理系统、网络服务器软件等,实现程序和数据共享,如图3-1-12所示。

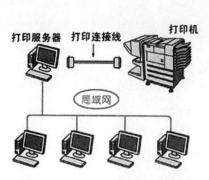

图 3-1-11　网络共享打印机

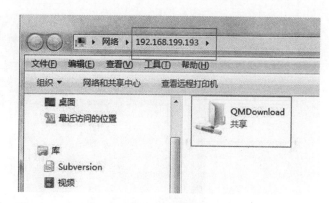

图 3-1-12　在网络中共享软件

### 2.共享信息资源

网络中拥有丰富的信息资源,特别是 Internet 更是一个信息的海洋。每一个接入 Internet 的用户都可以分享这些资源,如 Web 页、FTP 服务器、电子读物、网上图书馆等,如图 3-1-13 所示用户接入 Internet 访问 Internet 上信息。

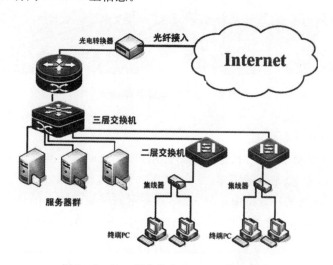

图 3-1-13　用户接入 Internet 共享信息

### 3.实现网络通信

通信是网络的最基本功能之一,网络可以传输数据、声音、图像以及视频等多媒体信息,实现不同位置用户通信、交流。利用网络可以发送电子邮件、打电话、举行视频会议等,如图 3-1-14 所示。

### 4.增强系统稳定性

通过设计网络的冗余结构,可提高网络的稳定性和可靠性。这些安全和可靠的网络设计,在军事、金融和工业过程控制等部门特别重要。

如图 3-1-15 所示,网络中任何一条通信线路出现故障,通过网络冗余,可以取道另一条线路传输,提高系统可靠性。

图 3-1-14　QQ 视频

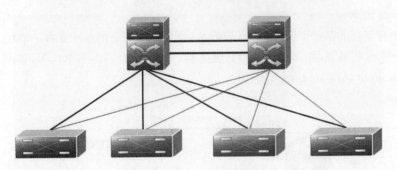

图 3-1-15　冗余网络设计

5.实现负荷均衡与分布处理

当网络上某台主机负载过重时,通过网络控制,移交给网络上其他计算机处理,可以实现网络上任务的负荷均衡、分布处理工作。

图 3-1-16 所示为某一数据中心,实现信息在不同区域存储上的负荷均衡,在数据的运算上实现分布式处理。

图 3-1-16　某数据中心通过 Internet 实现负荷均衡与分布处理

### 3.1.4　网络的类型

**1.按设备类型分类**

(1)计算机网络。通过网络中把多台计算机连接在一起,组建办公网络,实现办公网中资源共享(如共享打印机),实现网络沟通(通信)目标。

图 3-1-17 所示为使用交换机组建完成的办公网,共享办公室中资源。

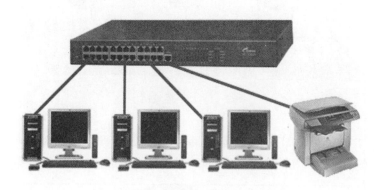

图 3-1-17　多台计算机组成办公网络

(2)移动 Internet。将移动通信和 Internet 结合,就构成了移动 Internet。

在移动 Internet 中,以手机为代表的智能终端设备,通过 3G,4G 或本地的 Wi-Fi 技术接入到 Internet 中。智能手机以其"轻便"及"便捷"上网技术,迅速成为最主要的 Internet 接入工具,把人类社会带入"后 PC 时代",如图 3-1-18 所示。

图 3-1-18　手机构成移动 Internet

**2.按地理位置分类**

(1)局域网。局域网(LAN)指某一区域内多台计算机互连组成网络,范围从几米到几千米。局域网可以由两台计算机组成,也可以由上千台计算机组成,如图 3-1-19 所示。

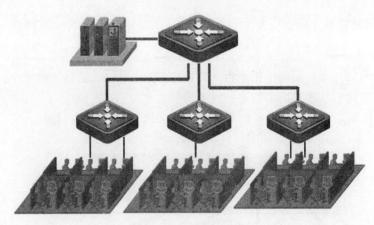

图 3-1-19　局域网

（2）广域网。广域网（WAN）也称远程网，由多个通信子网组成。使用电信网传输技术，将分布在不同区域的通信子网互连起来，实现资源共享和网络通信，如图 3-1-20 所示。

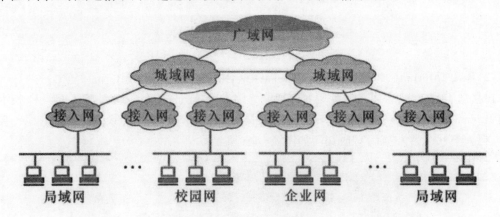

图 3-1-20　广域网

广域网覆盖的网络范围从几十千米到几千千米，网络规模大，甚至跨越多个国家或地区，连接更广阔范围的设备。Internet 是世界上最大的广域网。

（3）城域网。城域网（MAN）规模介于局域网和广域网之间，使用局域网传输技术。其网络规模局限在一座城市或者 10～100km 以内区域，如城市有线电视网。

典型的城域网如图 3-1-21 所示。

3.按传输介质分类

（1）有线网。把采用光纤、同轴电缆和双绞线连接的网络称为有线网络。

有线网络传输速率高，安全性好。其中，双绞线是最常见有线网传输介质，价格低廉，安装方便，但传输速率低，传输距离短，如图 3-1-22 所示。

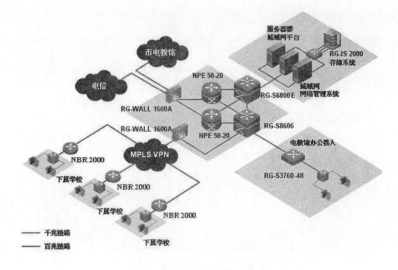

图 3-1-21　城域网

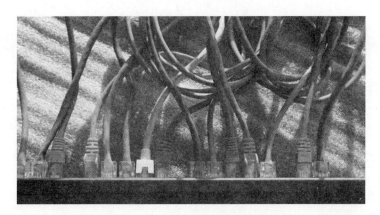

图 3-1-22　双绞线传输介质

如图 3-1-23 所示光纤,采用光导纤维传输信号。光纤传输距离远,传输速率高,抗干扰性能强,是远程骨干网络中最理想的传输介质。

图 3-1-23　光纤传输介质

(2)无线网。无线网使用无线射频波来传输网络中信息。其中：Wi-Fi 无线网络是移动 Internet 中最重要的终端设备接入方式,如图 3-1-24 所示。

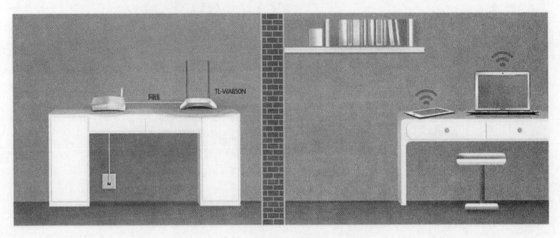

图 3-1-24　家庭 Wi-Fi 无线局域网

4.按服务方式分类

(1)客户机/服务器网络。在网络中通常安装一台网络服务器,集中处理和快速响应网络中用户请求,实现多台客户机共享网络资源。其中：客户机向服务器提出申请,服务器对客户机请求作出应答,如图 3-1-25 所示 。

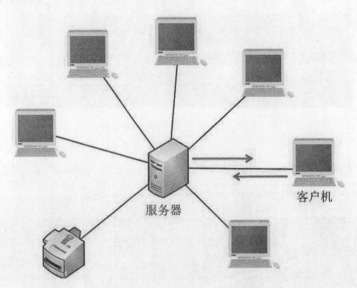

图 3-1-25　客户机/服务器网络

(2)对等网。对等网络也称工作组网络,网络中没有集中控制服务器,网络内部的计算机之间都是平等关系。每台客户机都可以与其他客户机平等对话,共享信息资源,如图 3-1-26 所示。

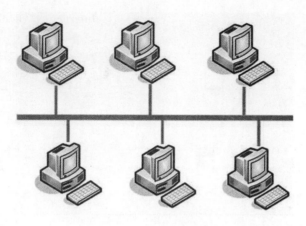

图 3 - 1 - 26　对等网络

### 3.1.5　Internet 的由来

将计算机网络互相连接在一起的方法称作"网络互联"。在这基础上,发展出覆盖全世界的网络设备互联,形成的全球性的网络称为 Internet,如图 3 - 1 - 27 所示。

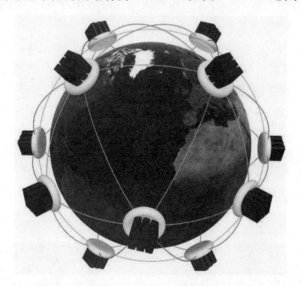

图 3 - 1 - 27　全球计算机互联形成 Internet

Internet 是实现全世界网络与网络之间互相连接而形成的全球范围的网络,如图 3 - 1 - 28 所示,这些网络之间通过 TCP/IP 通信协议互联。

20 世纪 60 年代,全球处于冷战时期,美国国防部认为,如果仅有一个集中控制指挥中心风险很大。如果这个中心被核武器摧毁,全国的军事指挥将处于瘫痪状态。美国国防部希望设计一个由一个个分散指挥点组成的通信系统,当部分指挥点被摧毁时,其他点仍能正常工作、通信。

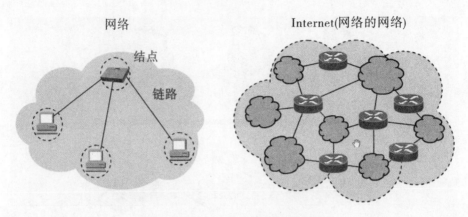

图 3-1-28　从单一网络到 Internet

按照这一思想,1969 年,美国国防部高级研究计划管理局完成 ARPAnet 建设,连接美国国防部网络中的计算机,ARPAnet 实际上就是 Internet 的前身。

### 3.1.6　Internet 的功能

Internet 融入人类的生活,应用广泛,主要表现在以下几方面。

**1.访问万维网(WWW)**

万维网也称 WWW(World Wide Web)和 Web 网,1989 年 3 月,由欧洲量子物理实验室(CERN)研发。当时,研究人员因为研究需要,需要开发一种共享资源远程访问系统,提供统一浏览器,访问多媒体信息,如文字、图像、音频、视频等。

万维网技术以其简单易用功能,极大地推动了 Internet 普及,是 Internet 发展史上最激动人心的成就之一。组成万维网要素,除浏览器软件外,还包括以下几项元素:

WWW 通过超文本传输协议,使用网页形式,向用户提供多媒体信息。网页使用 HTML语言开发,内容包含文字、图形、图像、声音、动画等多媒体信息。图 3-1-29 所示为 WWW网网页,每一个标题都是超级链接。

图 3-1-29　WWW 网网页

用户在访问万维网时,使用统一 Web 浏览器软件来访问网上资源,如微软 IE 浏览器,类似的还有 360 浏览器、腾讯浏览器、Google 浏览器等。

2.收发电子邮件(E-mail)

电子邮件 E-mail 是 Internet 上使用最广泛和最受欢迎的服务,通过电子邮件系统,可以方便、快速地与用户联络,使用文字、图像、声音等多媒体方式发送邮件。

电子信箱即 E-mail 地址,基本标志为@,如 Jason@126.com。

由于电子邮件简单、易于保存通信方式,因而已发展成为 Internet 上最广泛的应用,如图 3-1-30 所示。

图 3-1-30　电子邮件

典型的电子信箱地址格式是 abc@xyz。其中,@ 前是用户名,@ 后是邮件服务器名称,如 user@163.com。

3.搜索引擎(FTP)

搜索引擎是 Internet 发展史上最重要的应用之一。通过在 Internet 中搜索其他 Web 站点信息,整理成数据库,提供给用户免费使用。

打开搜索引擎网站,输入关键字查询,能检索出包含该关键字的所有网址链接。

常用搜索引擎有 Google、百度等,如图 3-1-31 所示。

图 3-1-31　全球最大搜索引擎:谷歌(Google)

4.上传和下载文件(FTP)

上传和下载文件也称为文件传输 FTP(File Transfer Protocol),利用 Internet 进行文件传输,解决了远程计算机上信息传输和共享的问题。

无论相隔多远,用户只要接入 Internet,拥有下载地址、下载账号和密码,就可以实现文件下载服务,把远程服务器上的文件下载到本地,也可以把本地计算机中的文件上传到远程服务器上,如图 3-1-32 所示。

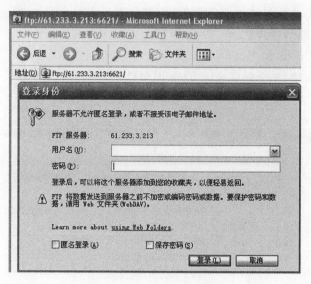

图 3-1-32　FTP 文件传输

5.网络空间论坛(BBS)

公告牌服务 BBS(Bulletin Board Service)是 Internet 上一块公共讨论空间,兴趣相同的人都可以在上面发布信息,讨论问题或提出看法,如图 3-1-33 所示。

提供 BBS 服务的站点叫论坛,论坛提供浏览信息、提出问题、发表意见、网上交谈等功能,用户通过论坛交换信息。

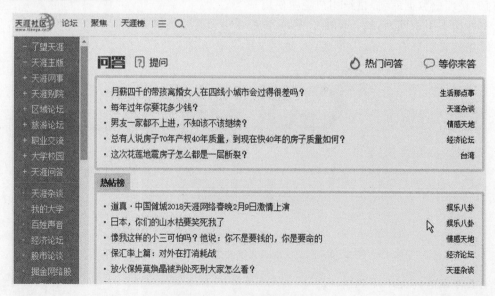

图 3-1-33　天涯论坛(BBS)

6.即时通信

即时通信(Instant Messaging)是一种利用网络提供通信服务的程序。

目前,最受欢迎的即时通信软件包括微信、QQ、阿里旺旺以及 MSN 等,如图 3-1-34 所示。

7.使用电子商务(Electronic Commerce)平台

电子商务是利用 Internet 开放平台,买卖双方在网络上进行商贸活动,实现消费者网上购物、交易和电子支付。

随着 Internet 技术应用,利用 Internet 购物并以银行卡、支付宝、微信支付方式已渐流行,电子商务网站层出不穷,逐渐改变传统商业模式,如图 3-1-35 所示。

图 3-1-34　腾讯通信软件 QQ

图 3-1-35　电子交易平台"淘宝网"

8.使用微博(Weibo)构建社交平台

微博内容一般较短,如 140 字限制,是一个分享简短信息的社交平台。

微博通过关注、分享和交流,注重时效性和随意性,更能表达出每时每刻最新动态。微博中每个人既可以浏览感兴趣信息,也可以发布信息,如图 3-1-36 所示。

9.使用微信(WeChat)建立社交网络

微信是腾讯于 2011 年 1 月推出的为智能终端提供即时通信服务的免费应用程序。

微信通过网络快速发送文字、短消息、语音、视频和图片,同时也可以通过共享流媒体内容、分享朋友圈和基于位置的"摇一摇""漂流瓶""朋友圈"等功能构建个人社交圈子。特别是"微信支付"服务,成为继支付宝之后最重要的第三方金融支付工具。

图 3-1-37 所示为 PC 版本的微信界面。

微信提供公众平台、朋友圈、消息推送等社交网络功能,用户可将内容分享给好友,或将看到的精彩内容分享到朋友圈,现已成为移动 Internet 的重要社交平台。微信已经覆盖中国

98% 以上的智能手机,月活跃用户达到 8.06 亿户,用户覆盖 200 多个国家、超过 20 种语言。图 3-1-38 所示为智能手机版本的微信登录界面。

图 3-1-36 新浪微博

图 3-1-37 PC 版本微信界面

图 3-1-38 智能手机版本微信登录界面

# 3.2　网络学习和生活

### 3.2.1　在 12306 上购买火车票

## 【任务描述】

小明听说通过 Internet 购买火车票，非常方便，也想学习如何在网上购票，减少去火车站排队的麻烦。

## 【任务目标】

在 12306 上购买火车票，学习网上购票。

## 【环境要求】

接入 Internet 中计算机（1 台）。

## 【工作过程】

1. 打开浏览器

找一台可上网的计算机，打开 IE 浏览器，输入铁路客户服务中心 12306 网址（http://www.12306.cn/mormhweb/），如图 3-2-1 所示。

图 3-2-1　铁路客户服务中心 12306 网站

2.注册用户

第一次买票,需要在 12306 网站注册,提交真实的个人身份信息。

点击图 3-2-1【网上购票用户注册】按钮,在用户信息注册界面,依次输入相关信息,如图 3-2-2 所示。

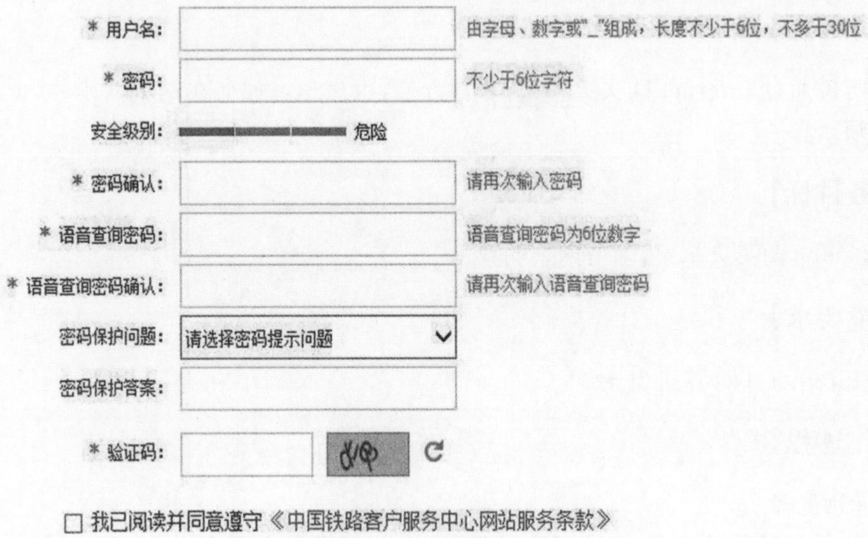

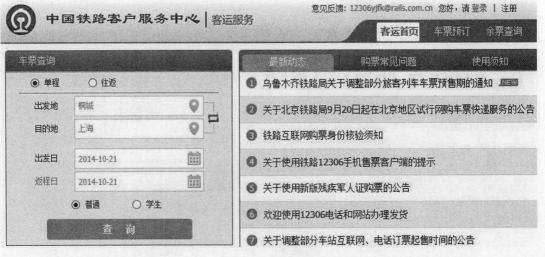

图 3-2-2　注册个人信息

注意:此处【用户名】可以使用任意字符串,而不是真实的用户名。

3.进入新版购票系统

注册完成后,返回 12306 网站首页。

在图 3-2-1 左下角,点击【新版售票】按钮,进入购票系统,如图 3-2-3 所示。

图 3-2-3　购票系统

#### 4.登录账户

在图 3-2-3 购票系统界面,点击【登录】按钮,登录账户,查询车次、票务信息,如图 3-2-4 所示。

图 3-2-4 登录个人账户界面

#### 5.查询车票

在图 3-2-3 购票系统界面,点击【车票查询】对话框,输入地点、时间,如图 3-2-5 所示,单击"查询"按钮。

图 3-2-5 查询车票对话框

#### 6.预订车票

如图 3-2-6 所示,在车票查询窗口,选择车次,按【预订】按钮,预定车票。

| 10-19 周日 | 10-20 | 10-21 | 10-22 | 10-23 | 10-24 | 10-25 | 10-26 | 10-27 | 10-28 | 10-29 | 10-30 | 10-31 | 11-01 | 11-02 | 11-03 | 11-04 | 11-05 | 11-06 | 11-07 |
|---|---|---|---|---|---|---|---|---|---|---|---|---|---|---|---|---|---|---|---|

车次类型:全部 □GC-高铁/城际 □D-动车 □Z-直达 □T-特快 □K-快速 □其他　　发车时间:00:00~24:00 ∨

出发车站:全部 □深圳北 □深圳 □深圳西　　　　　　　　　　　　　　　　　　　　　　　　更多选项∨

深圳 --> 广州南(10月19日 周日)共计115个车次　　　　　　　　　　　　□ 显示全部可预订车次

| 车次 | 出发站<br>到达站 | 出发时间▲<br>到达时间▼ | 历时 | 商务座 | 特等座 | 一等座 | 二等座 | 高级<br>软卧 | 软卧 | 硬卧 | 软座 | 硬座 | 无座 | 其他 | 备注 |
|---|---|---|---|---|---|---|---|---|---|---|---|---|---|---|---|
| G80 ▼ | 深圳北<br>广州南 | 11:28<br>12:04 | 00:36<br>当日到达 | 18 | -- | 有 | 有 | | | | | | | | 预订 |
| D7046 ▼ | 深圳<br>广州东 | 11:31<br>12:50 | 01:19<br>当日到达 | -- | -- | 有 | 有 | | | | | | 无 | -- | 预订 |

图 3-2-6 预订车票

7.购买车票

在图 3-2-7 所示对话框中输入个人实名制信息,输入验证码。

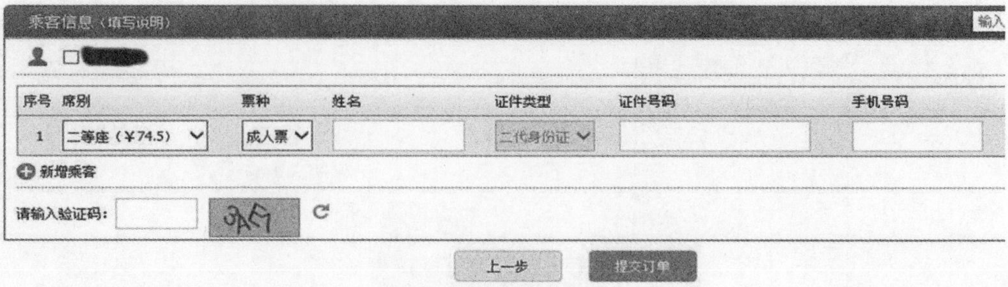

| 序号 | 席别 | 票种 | 姓名 | 证件类型 | 证件号码 | 手机号码 |
|------|------|------|------|----------|----------|----------|
| 1 | 二等座(￥74.5) | 成人票 | | 二代身份证 | | |

乘客信息(填写说明) 输入

新增乘客

请输入验证码: 3A5ŋ

上一步　　提交订单

图 3-2-7　选择实名制购票个人信息

8.付款

单击【提交订单】按钮后,出现预订车票席位信息确认,如图 3-2-8 所示。

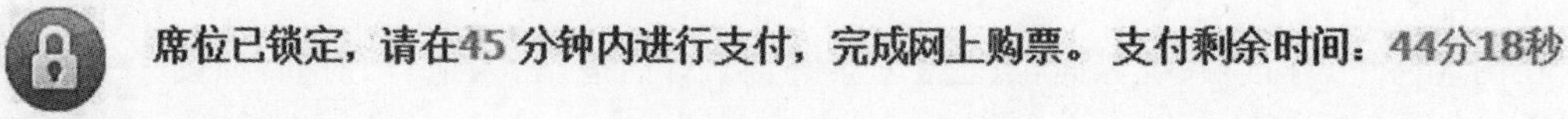

席位已锁定,请在 45 分钟内进行支付,完成网上购票。支付剩余时间:44分18秒

图 3-2-8　预订席位信息确认

确认完成后,选择【网上支付】方式支付,如图 3-2-9 所示。

支付完成后,手机上就会收到 12306 网站购票完成短信提示信息。

>> 应付金额: 74.5元

中国工商银行　中国农业银行　中国银行　中国建设银行　招商银行　中国银联　中铁银通卡　支付宝

图 3-2-9　选择"网上支付"方式

### 3.2.2　在网络上搜索信息

【任务描述】

使用 IE 浏览器软件访问网站。

【任务目标】

熟悉网络搜索,查找更多网络资源。

## 【环境要求】

接入 Internet 计算机(1 台)。

## 【工作过程】

从 Internet 上快速找到需要的信息,是一项重要 Internet 应用技能。下面就来介绍一下在网络中搜索资源的方法。

1.利用 IE 浏览器搜索信息

大部分的浏览器提供网站搜索功能,是最简单的搜索方式。

利用 IE 浏览器搜索的方法如下:启动 IE 浏览器,在地址栏中输入查询关键字,如"新浪微博",按 Enter 键后,就列出与输入相关网站列表,如图 3-2-10 所示。

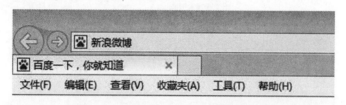

图 3-2-10 在地址栏中输入搜索关键字

2.使用搜索引擎搜索信息

搜索引擎网站专门提供网上信息查询功能。

搜索引擎网站周期性地在 Internet 上收集信息,建立一个不断更新的"网络信息资源数据库"。用户搜索信息时,实际上就是从这个数据库中查找信息。

(1)常见搜索引擎。

百度搜索引擎:http://www.baidu.com/。

谷歌搜索引擎:http://www.google.com/。

(2)搜索引擎查询资源方式。

1)目录搜索。该方法将搜索信息分成若干类,再将大类分为子类……,最小类中包含具体网址。用户找到相关网址,按树形组成方式搜索,类似在图书馆找书的方法,适用于专业的学术主题查找,如图 3-2-11 所示。

图 3-2-11 百度的学术主题查找

2)关键字搜索。用户输入关键字搜索信息,是最广泛的搜索方法。

打开百度网站(http://www.baidu.com),在搜索框中输入查找关键字,如"什么是搜索引擎",单击"百度一下",即可搜到全部资料,如图 3 - 2 - 12 所示。

图 3 - 2 - 12  百度关键字查找资料

注意事项:关键搜索时,可以直接输入关键字,也可以使用"AND""OR""NOT"逻辑表达式匹配,还可以使用通配符"*"或"?"模糊检索信息。如:输入"计算机 and 论文",将返回包含计算机和论文的信息。输入"显示器*",则搜索到包含"显示器"在内的关键字的信息。

### 3.2.3  在当当网上买书

### 【任务描述】

小明看到周围的同学都可以在网络上购物,觉得很新鲜,也很想在网络上买一件衣物。

### 【任务目标】

学习淘宝购物平台使用方法。

### 【环境要求】

接入 Internet 中的计算机(1 台)。

### 【工作过程】

1.输入当当网地址

在浏览器地址栏中输入"当当网"地址:http:// www.dangdang.com。

打开当当网网站,选择【图书】分类项,如图 3 - 2 - 13 所示。

图 3 - 2 - 13　在当当网购书

2.搜索商品信息

也可在当当网搜索框中，输入查找关键字，如"卡耐基全集"，搜索图书，如图 3 - 2 - 14 所示。

选择图书，点击【购买】按钮，即可选择购买及付款模式，如图 3 - 2 - 15 所示。

注意：和在 12306 网站购买火车票一样，在当当网购物，也需要提前注册用户。登录用户账户后，才可以进行正式结算、下单、支付和发货。

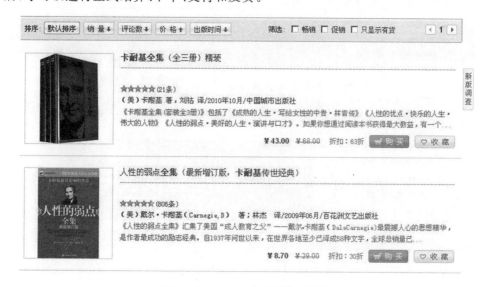

图 3 - 2 - 14　在当当网挑选图书

图 3-2-15 下单结算和支付

**3.在淘宝购买商品**

打开淘宝网(http://www.taobao.com/),如图 3-2-16 所示。

使用淘宝网上【搜索】框,检索需要的商品。

也可随机购买,选择【聚划算】等分类项,显示当日打折、团购、折扣分类商品信息。图 3-2-17 所示为"聚划算"分类折扣的商品。

图 3-2-16 淘宝购物网站

图 3 - 2 - 17　"聚划算"分类折扣的商品信息

### 3.2.4　从网上下载 MP3 歌曲

#### 【任务描述】

小明看到很多同学从网上下载电影、音乐,小明决定学习从网络上下载音乐。

#### 【任务目标】

帮助小明从网络上下载音乐。

#### 【环境要求】

接入 Internet 中的计算机(1 台)。

#### 【工作过程】

1.输入百度影音地址

在 IE 浏览器地址栏中,输入百度影音地址(http://music.baidu.com/),如图 3 - 2 - 18 所示。或者打开百度网站,选择【音乐】分栏,转到百度影音。

2.输入关键字

在百度影音检索栏中,输入关键字"周杰伦",检索需要的信息。

在列表中选择需要的影音信息,点击【播放】按钮,即可在线试听,如图 3 - 2 - 19 所示。

图 3-2-18　打开百度影音

图 3-2-19　筛选需要的信息内容

## 3.下载影音

在试听信息栏,选择【下载】按钮,即可把音乐下载到本地,如图 3-2-20 所示。

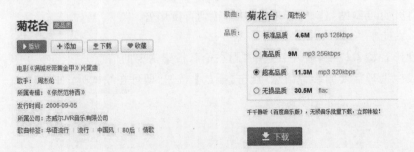

图 3-2-20　下载影音到本地

4.输入优酷影音地址

在浏览器中输入优酷网地址(http://www.youku.com/),如图3-2-21所示,在线观看自己喜欢的影视节目。

图3-2-21　打开优酷影音

也可在优酷影音网站主页【搜库】栏中,输入关键字"致青春",检索需要的影音信息,如图3-2-22所示,点击【播放】按钮,即可观看该部免费电影。

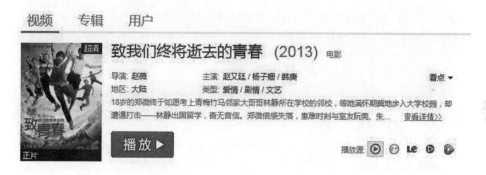

图3-2-22　在线观看免费电影

在电影页面左下角显示有如图3-2-23所示的【开始缓存】按钮。点击该按钮后,选择【缓存至手机】或【下载至电脑】,开始下载电影。

注意:只有会员才可以拥有下载、分享、评论的权限。

图3-2-23　下载电影到本地观看

### 3.2.5 使用微博构建社交平台

## 【任务描述】

小明的很多同学都申请有微博账号,通过微博及时分享信息,和自己喜欢的明星互动,小明也非常想申请一个微博账号,和班级同学以及喜欢的明星之间互动分享。

## 【任务目标】

帮助小明申请一个微博账号。

## 【环境要求】

接入 Internet 中的计算机(1 台)。

## 【工作过程】

1.输入新浪微博的地址

在浏览器中输入新浪微博地址(http://t.sina.com.cn/),打开新浪微博,如图 3-2-24 所示。

图 3-2-24 打开新浪微博

2.注册新浪微博账号

在新浪微博首页上,选择【立即注册微博】按钮,注册新浪微博账号,如图 3-2-25 所示。需要注意的是,新浪微博实行实名注册,必须提供个人手机号才可注册成功。

3.使用新浪微博发布信息

注册完账号,即可登录新浪微博,分享个人信息资源,也可以添加关注好友,如图 3-2-26 所示。

图 3-2-25　注册新浪微博账号

图 3-2-26　使用微博分享信息

### 3.2.6　在 126 上收发电子邮件

**【任务描述】**

小明想申请一个电子邮箱,通过该电子邮箱和同学通信,上交作业给老师。

**【任务目标】**

帮助小明在 126 上申请电子邮箱。

**【环境要求】**

接入 Internet 中的计算机(1 台)。

## 【工作过程】

1.打开126电子邮箱网站

在浏览器中输入网易126邮件系统地址(https://mail.126.com/)或者 www.126.com,或者网易163邮局地址(https://mail.163.com/)。

打开如图3-2-27所示的邮件【登录】或【注册】界面。

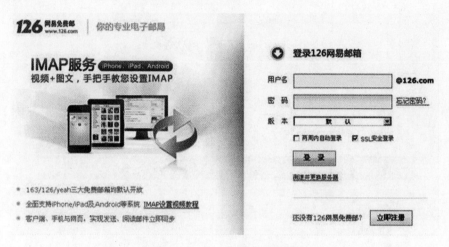

图3-2-27　注册电子邮箱

2.注册电子邮箱账号

新用户可点击【立即注册】按钮,申请一个邮箱账户,如图3-2-28所示。

图3-2-28　注册电子邮箱账号

3.登录邮箱

注册完成邮箱账户,在打开界面上输入用户名和密码,打开电子邮箱,如图3-2-29所示。

图 3-2-29　登录电子邮箱

**4.收发电子邮件**

在图 3-2-29 所示个人邮箱界面上,选择【收信】或【写信】按钮,显示接收邮件界面。如图 3-2-30 所示为撰写邮件的写信界面。

图 3-2-30　使用电子邮箱发送信件

书写邮件时,需要写清楚收件人邮箱地址、邮件主题两项信息。如果把邮件发送给多个收件人,使用分号";"分隔多个邮箱地址。

在正文框中输入信件内容。点击【添加附件】按钮,可为信件添加附件。完成后单击"发送"按钮即可发送邮件。

# 单元四　使用 Word 编辑文档

　　Word 是微软 Office 办公软件中的一个重要组件,是日常办公中必不可少的一个工具软件。一直以来,Microsoft Office Word 都是最流行的文字处理程序。

　　Word 给用户提供了用于创建专业且优雅的文档的工具,帮助用户节省时间,并得到优雅美观的结果。

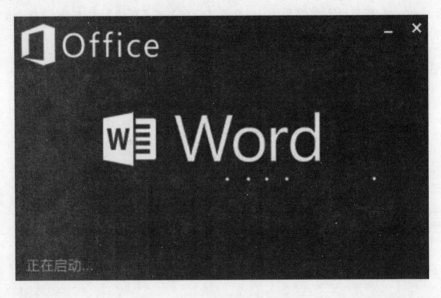

　　通过本单元的学习,会制作个人简历,会制作校园公益海报,会使用 Word 制作学籍表,会制作与打印数学试卷。

# 4.1　制作个人简历

## 【生活话题】

大家都说说：找工作时必须要准备哪些东西？

（老师）

（小明）

我们还小呢，没有找过工作，怎么知道需要哪些东西呢？

这你就不懂了吧。找工作首先就是要个人简历啊，没有个人简历，别人怎么会了解你呢？老师，我说的对不对？

（小惠）

（小梅）

虽然我也不懂，但是我觉着小惠说的很有道理。个人简历就是介绍自己的东西呗。我见过呢！

我在百度里见过好多漂亮的简历呢，各式各样的，都是填写个人信息，还有介绍自己特长之类的内容。

（小花）

个人简历啊，是大家毕业以后找工作不可缺少的东西。一份漂亮的简历会给大家在面试的时候加分呢。

（老师）

## 【话题分析】

个人简历是求职者给招聘单位发的一份简要介绍，包含个人的基本信息：姓名、性别、年龄、民族、籍贯、政治面貌、学历、联系方式，以及自我评价、工作经历、学习经历、荣誉与成就、求职愿望、对这份工作的简要理解等等。

使用 Word 制作一份简洁的个人简历，一份美观的个人简历对获得面试机会至关重要。

## 【知识介绍】

### 4.1.1　认识 Word 窗口

在 Word 2010 中，使用选项标签与功能区替代了传统的菜单栏与工具栏，用户可以通过双击的方法快速展开各组命令，如图 4-1-1 所示。

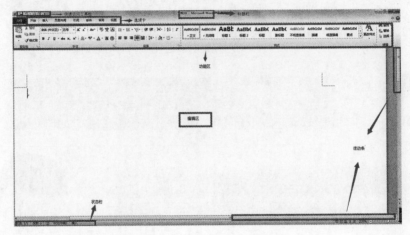

图 4-1-1　Word 2010 工作窗口

下面来认识一下 Word 主界面。

1.标题栏

Word 窗口最顶部为标题栏，双击标题栏可以使 Word 窗口在最大化和还原状态之间切换。

2.选项卡

Word 2010 的选项卡有"开始""插入""页面布局""引用""邮件""审阅""视图"七个选项卡，每个选项卡下面对应有多个选项组，如图 4-1-2 所示。

图 4-1-2　"页面布局"选项卡

3.快速访问工具栏

从 Word 2007 开始，所有工具栏都变成单个、灵活的"快速访问工具栏"，可以直观快速访问，如图 4-1-3 所示。

图 4-1-3 快速访问工具栏

4."文件"选项

"文件"选项位于应用程序窗口左上角。单击文件按钮,弹出如图 4-1-4 所示的"文件"菜单。

图 4-1-4 "文件"菜单

5.状态栏

状态栏在窗口底部,提供当前文档信息,右键单击状态栏就会显示状态栏的配置选项,如图 4-1-5 所示。

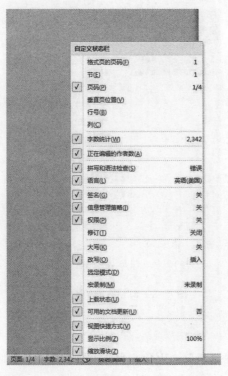

图 4-1-5　状态栏显示扩展的多个选项

如选中文本后,可以显示字数,94/6414 指文档总字数为 6414 个,选择文本数为 94 个。

6.文档编辑区

文档编辑区是插入、编辑文字、图片、表格等的地方,当新建或编辑已有文档时,总可以在编辑区看到有一个闪烁的光标,此处叫插入点,键盘输入的字符将在此处显示,如图 4-1-6 所示。

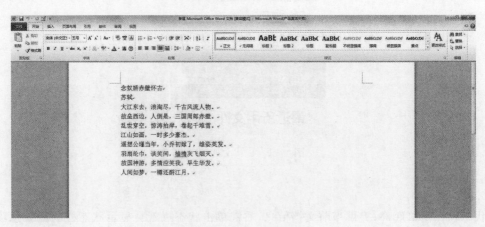

图 4-1-6　文档编辑区

当状态栏上显示"插入"时,键盘输入的字符将在光标处插入到编辑区;若状态栏上显示"改写"时,此时键盘输入的字符将从光标处向后逐个覆盖已存在的字符。

### 4.1.2 新建和保存 Word 文档

1.创建新文档

在编辑处理文档之前,需要先创建文档。创建文档方式有很多。例如:在"开始"菜单中选择"新建"→"空白文档"选项。也可以自定义快速访问工具栏,在弹出的下拉菜单中选择"新建空白文档"选项,如图4-1-7所示。

2.打开文档

Word 2010 为了方便用户继续编辑,会记住最近使用过的文件。从"文件"菜单列表中可以看到最近使用过的文件。

3.保存新文档

打开"文件"菜单下的"保存"选项,在"另存为"对话框的"保存位置"列表框中,选择文档保存位置,输入文件名"个人简历",单击"保存"按钮。

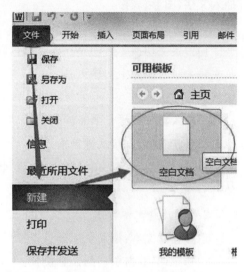

图 4-1-7 新建文档

还可以对文档加密保存。加密保存的文档可以避免他人查看或改动文件。文档加密保存的方法:

选择"文件"→"信息"选项,单击"保护文档"选项,选择用密码保护文档。

在弹出的加密文档对话框中输入密码,然后点击确定即可,如图4-1-8所示。

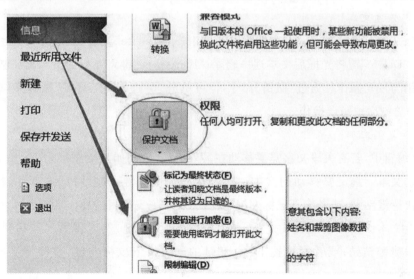

图 4-1-8 Word 加密

### 4.1.3 掌握 Word 基本操作

1.Word 2010 文档编辑

(1)文档的输入。在工作区中输入文字时,首先必须找到插入点光标,形状为一闪烁的竖

线"|",使用鼠标单击移动,也可以用键盘上光标控制键移动。

用户也可以利用 Word 2010 的"即点即输"功能,在文档的空白区域中设置插入点,快速插入文字、图形、表格。

(2)文字录入注意事项:

1)中英文切换。启动 Windows 后,默认状态是英文输入状态,如果要输入中文,就需要把英文输入法转换为中文输入法。可以采用"Ctrl+空格键"在中文输入法和英文输入法之间切换。

2)输入特殊符号。如需输入顿号、省略号等一些特殊符号,打开中文输入法,调整为中文标点符号状态后,直接从键盘输入。

也可以从"插入"选项标签中,选择"特殊符号"或"符号"命令,从弹出的对话框中选择需要的符号插入。

**2.快捷选择文本方法**

选择任意文本:拖动鼠标即可选择任意文本。

选择单词:双击单词的任意位置。

选择整行:将鼠标移动至行的最左侧,当光标变成↗时,单击即可选择整行

选择多行:将鼠标移动至行的最左侧,当光标变成↗时,拖动鼠标即可选择多行。

选择整段:将鼠标移动至行的最左侧,当光标变成↗时,双击鼠标即可选择整段。

选择全部文本:移动鼠标至行最左侧,当光标变成↗时,连击鼠标三次即可选择全部。

**3.删除与恢复文本**

(1)删除文本。将插入点调整到删除字符前,按下"Delete"或者"Backspace"键,每次删除一个字符。"Delete"键将光标后文本逐一删除;"Backspace"键将光标前文本逐一删除。

(2)撤销与恢复操作。通过"撤销"命令,也可单击"快速访问工具栏"撤销操作,还可利用"Ctrl+Z"快捷键撤销错误操作。

**4.移动和复制文本**

在文本编辑中,若有大段文字需要移动在另外一处,采用如下操作:

(1)移动文本。选定要移动的文本,按"Ctrl+X"快捷键;然后将插入点移到目的地,按"Ctrl+V"快捷键粘贴;或者按下鼠标左键,直接将文本拖曳到目的地。

(2)复制文本。选定要复制的文本,按"Ctrl+C"快捷键,然后将插入点移到目的地,按"Ctrl+V"快捷键粘贴;或者直接按下"Ctrl"键的同时按下鼠标左键,直接将文本拖曳到目的地。

**5.查找与替换文本**

有时需要找出重复出现的内容,用 Word 提供的查找替换功能,快捷、轻松地完成该项工作。

执行"开始"选项标签→"编辑"功能区→"替换"命令→在"查找与替换"对话框中选择"替换"选项卡,如图 4-1-9 所示。

图 4-1-9　查找与替换

### 4.1.4　设置 Word 文档格式

1.设置字符格式

(1)使用"字体"对话框设置字符格式。执行"开始"选项标签,单击"字体"功能区右下方箭头 ，显示"字体"对话框,如图 4-1-10 所示。在"字体"对话框的"字体"选项标签中可以设置字体、字形、字号、字体颜色、下画线形、下画线颜色及效果等字符格式;在"字符间距"选项标签中可以对标准字符间距进行调整。

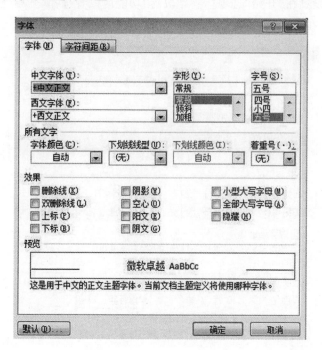

图 4-1-10　Word 字体对话框

(2)在"字体"功能区中设置字符格式,如图 4-1-11 所示。

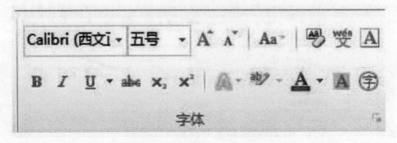

图 4-1-11　Word 字体

（3）设置中文版式。单击"段落"功能区的"中文版式"按钮 ，可以设置相应的中文版式。

（4）格式刷的使用。"格式刷"按钮 的作用是快速复制格式，简化重复工作。单击"格式刷"复制一次格式，双击"格式刷"复制多次格式，直至按 Esc 键或单击"格式刷"按钮取消。

2.设置段落格式

段落格式设置主要包括段落的对齐、段落的缩进、行距与段距、段落的修饰等。

段落的大部分设置在"开始"选项标签，"段落"功能区或者选择"开始"选项标签，"段落"功能区右下方的箭头，在打开的"段落"对话框中完成，如图 4-1-12 所示。

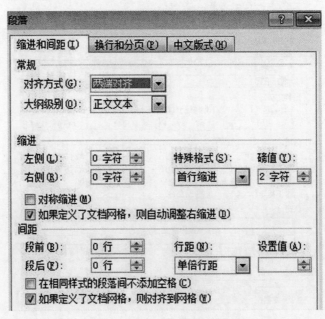

图 4-1-12　Word 段落对话框

（1）段落的对齐。段落的对齐方式有"左对齐""右对齐""分散对齐""居中对齐""两端对齐"五种。

（2）段落的缩进。段落的缩进方式有"左缩进""右缩进""首行缩进""悬挂缩进"四种。

（3）间距。间距分为"段前""段后"和"行距"三种。

（4）为段落加上编号和项目符号。选定要添加编号或项目符号的段落,在"段落"功能区中单击"编号"或"项目符号"按钮右侧向下箭头,在"编号"或"项目符号"按钮对话框中选择编号或项目符号,如图 4-1-13 所示。

图 4-1-13　Word 编号库

3.设置边框和底纹

Word 中边框和底纹的设置方法有两种:一种是利用"边框和底纹"对话框进行设置,另一种是利用"边框和底纹"工具栏进行设置。

其设置的对象有三种:一种是针对字符进行设置,另一种是针对段落进行设置,还有一种是针对页面进行设置。

选定要设置边框和底纹的字符,单击"页面布局"选项标签中的"页面边框"命令,在出现的"边框和底纹"对话框中进行设置,如图 4-1-14 所示。

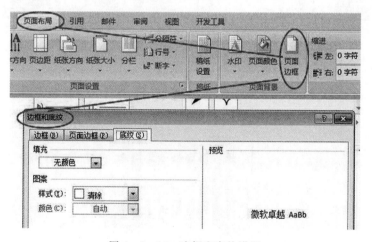

图 4-1-14　边框和底纹设置

（1）设置。在此选择边框的形式（方框、阴影、三维），对已经存在的边框也可通过选择"无"以取消边框。

（2）线型。选择边框的线条形式是实线，还是虚线等。

（3）颜色、宽度。选择边框线条的颜色、粗细等。

（4）"应用于…"。若选择的是文字，则对选中的字符加上边框；若选择的是段落，则对选中字符所在的段落加上边框。对于段落边框，还可在"预览"区域观察边框的四边线条是否同时显示。

（5）填充。选择底纹的填充颜色。

（6）样式。选择底纹的填充图案。

（7）页面边框。页面边框的设置与边框基本相同，所不同的是页面边框针对的是整个页面，另外还多出了一个"艺术型"线型的选项。

4.填充页面背景

页面背景的填充方法有两种。一种是插入图片的形式，放大图片，使图片大小与页面大小相同，如图 4-1-15 所示。另一种是在"页面布局"选项标签中进行设置。

在"页面背景"功能区执行"页面颜色"命令，如图 4-1-16 所示，单击"填充效果"按钮，打开效果填充对话框，如图 4-1-17 所示。

在"填充效果"对话框中选择"图片"命令，在"选择图片"窗口中找到准备好的素材背景图片，选定后单击"插入"按钮，返回"效果填充"对话框。

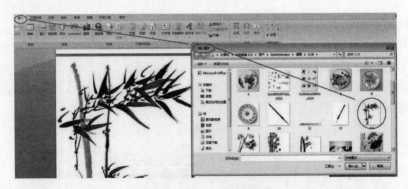

图 4-1-15　页面背景

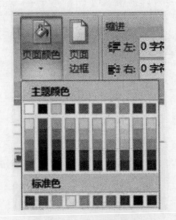

图 4-1-16　页面颜色

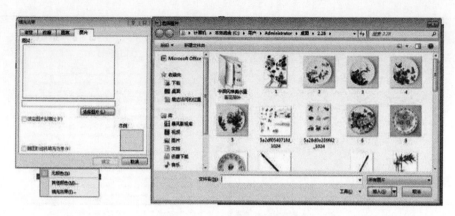

图 4-1-17 填充背景图片

5.插入文本框

(1)单击"插入"选项标签→"文本"功能区"文本框"命令,在出现的级联菜单中选择"绘制文本框"或"绘制竖排文本框",然后将十字形光标移到文档中,拖出文本框,如图 4-1-18 所示。

(2)文本框操作。

1)使用鼠标调整文本框大小。选中文本框后,移动鼠标至文本框的边框上,按住鼠标左键拖动即可。

2)使用"绘图工具"调整文本框。具体方法与图形图片的调整相同。

可用文本框给图片、图形等添加图注,只要将文本框的框线颜色选为"无线条色"即可。

3)删除文本框。选中文本框后按"Delete"键即可删除文本框。

图 4-1-18 插入文本框

## 【案例实施】

1.任务目标及效果

本例制作一份个人简历,效果如图 4-1-19 所示。

2.任务分析

(1)输入文档。

(2)编辑文档。

(3)对文档进行格式修改。

(4)插入文本框。

(5)设置文字底纹。

(6)设置文档背景及边框。

(7)保存文档。

(8)关闭文档。

图 4-1-19　个人简历

**3.实施步骤**

(1)设置版面,填充背景。

1)启动 Word 应用程序,单击"页面布局"选项标签中"页面设置"功能区右下角箭头 ,打开"页面设置"对话框,选择"页边距"选项卡,在选项卡中的"上""下""左""右"页边距数值框中均输入 1 厘米,纸张方向为"纵向",如图 4-1-20 所示。

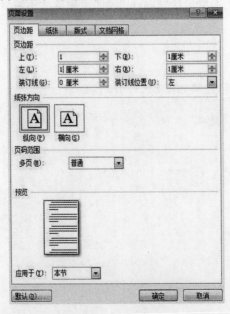

图 4-1-20　页面设置

2) 在"插入"选项标签"页"功能区中选择"空白页"命令, 插入四个空白页。

3) 执行"页面布局"选项标签→"页面背景"功能区→"页面颜色"命令, 单击"填充效果"按钮, 打开"填充效果"对话框, 如图 4-1-21 所示。

4) 打开"填充效果"对话框, 执行"插图""选择图片"命令, 在"选择图片"窗口中找到准备好的背景素材图片, 如图 4-1-22 所示。选定后单击"插入"按钮, 单击"确定"按钮, 如图 4-1-23 所示。

(2) 插入封面文本框。执行"插入"选项标签→"文本"功能区→"文本框"命令, 选择"绘制竖排文本框"命令。输入文字"个人简历", 字体为"方正舒体", 字号 48 号, 颜色为茶色 75%; 用同样方法插入第二个文本框, 输入文字"给我

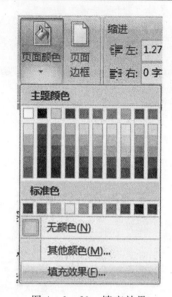

图 4-1-21 填充效果

一个机会, 还您一份惊喜", 字体为"方正舒体", 字号 20, 颜色为茶色 75%, 如图 4-1-24 所示。

(3) 输入自荐书, 调整段落格式。将光标放入第二张空白页, 输入标题"自荐书", 字体黑体, 字号 28 号, 加粗; 正文字体为宋体, 五号, 段落首行缩进 2 字符, 1.5 倍行距, 落款申请人及日期左侧缩进 10 厘米。

(4) 设置页面边框。执行"页面布局"选项标签→"页面背景"功能区→"页面边框"命令, 打开对话框, 选择"页面边框"按钮, 设置"方框", 宽度 0.5 磅, 应用于整篇文档, 如图 4-1-25 所示。

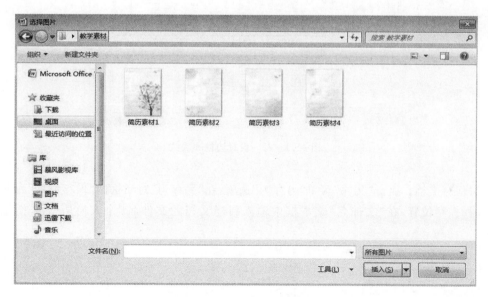

图 4-1-22 选择背景图片

图 4-1-23 插入背景图片

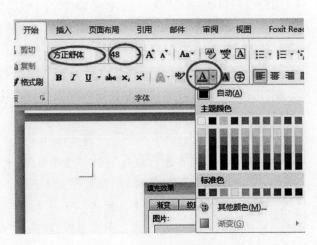

图 4-1-24 文字格式化

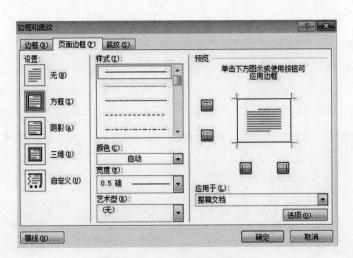

图 4-1-25 设置边框和底纹

(5)保存文档。执行"文件"菜单"另存为"选项,在"另存为"对话框的"保存位置"列表框中选择文档保存位置,在"文件名"文本框中输入新建文档的文件名"个人简历",单击"保存"按钮。

## 4.2　制作校园公益海报

【生活话题】

大家在学校生活中，有没有什么不文明的行为啊，比如有没有文明收餐啊？

（老师）

老师，我每天吃完饭都很自觉地把餐盘放到收餐台的呢！

（小明）

你明明就是放在桌子上就走的嘛，每次还是我帮你收的呢。还有剩菜剩饭也是我帮你倒的，你应该谢谢我的。

（小惠）

我也看到过有的同学不收餐具就离开的。食堂阿姨很忙的，如果同学们都不收餐具的话，食堂环境就会变得很差。

（小梅）

所以我们要自觉收餐具，保护环校园环境。那我们应该怎么做才能让同学们一起保护食堂环境呢？

（小花）

想要宣传保护食堂环境，我们就一起做一张校园公益海报，让所有的同学一起参与进来吧！

（老师）

【话题分析】

校园公益宣传海报是公益宣传中最大众化的媒介形式，是校园文化在宣传时常用的一种印刷品。不少学校和企业在计划印刷和宣传时要花费比较多的资金，并要请专业的制作机构来设计和印刷。如果掌握一定的设计知识和技巧，在 Word 中也可以设计出比较简洁且具有吸引力的宣传海报。

## 【知识介绍】

Word 2010 具有很强的图文处理能力,能在文档中很方便地插入图片、文本框、艺术字,以及绘制和修改形状,利用各种效果展示文档的内容,使之更加生动、美观,给人留下深刻印象。

### 4.2.1 插入与编辑图片

1.插入图片

图片的来源主要分为两大类:来自 Word 的"剪辑库",或者来自用户文件。

插入剪贴画:执行"插入"选项标签→"插图"功能区→"剪贴画"命令。

插入用户文件图片:执行"插入"选项标签→"插图"功能区→"图片"命令,如图 4-2-1 所示。

图 4-2-1 插图功能区

2.编辑图片

图片被选定以后,利用"图片工具"中"格式"标签相应的按钮,可以编辑图片的图像特性,如调整图片的对比度和亮度,为图片加边框,利用"重新着色"按钮可以将图片设置为"自动""灰度""黑白""冲蚀""设置透明色"五种效果。

可在"编辑"功能区裁剪图片,可以利用图片的 8 个控制点调整图片大小。

### 4.2.2 插入艺术字

执行"插入"选项标签→"文本"功能区→"艺术字"命令,在下拉列表中选择相符的艺术字样式,如图 4-2-2 所示。

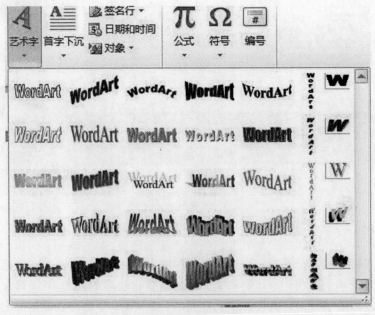

图 4-2-2 插入艺术字

### 4.2.3　插入形状

单击"插入"选项标签,在"插图"功能区执行"形状"命令,在下拉列表中选择需要的形状样式,如图 4 - 2 - 3 所示。

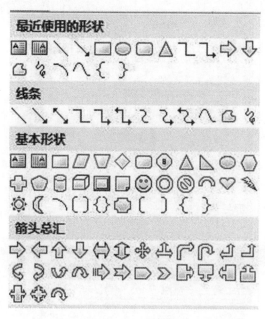

图 4 - 2 - 3　插入形状

### 4.2.4　插入 SmartArt 图形

单击"插入"选项标签,在"插图"功能区执行"SmartArt"命令,在下拉列表中选择需要的图形类型,如图 4 - 2 - 4 所示。

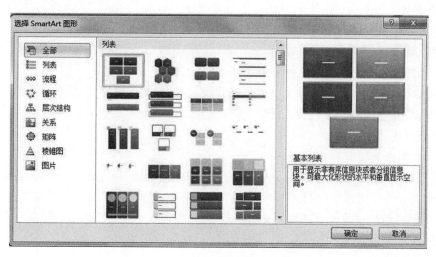

图 4 - 2 - 4　插入 SmartArt 图形

## 【案例实施】

**1.任务目标及效果**

本例制作一份校园公益海报,效果如图4-2-5所示。

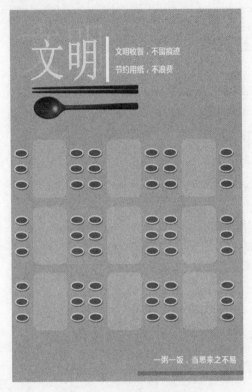

图4-2-5 校园公益海报

**2.任务分析**

(1)设置版面,并填充背景。

(2)插入艺术字,制作标题。

(3)插入图片,并调整其格式,使其显示在适当的位置。

(4)插入文本框,输入文字,对文字进行格式设置,设置文本框格式,调整其位置。

(5)插入形状,更改形状颜色及边框。

(6)对齐图形,组合图形。

**3.实施步骤**

(1)设置版面,填充背景。

1)启动 Word 应用程序,执行"页面布局"选项标签,单击"页面设置"功能区右下角箭头，打开"页面设置"对话框,选择"页边距"选项卡,在选项卡中的"上""下""左""右"页边距数值框中均输入1厘米,在"纸张方向"区域选择"纵向",如图4-2-6所示。

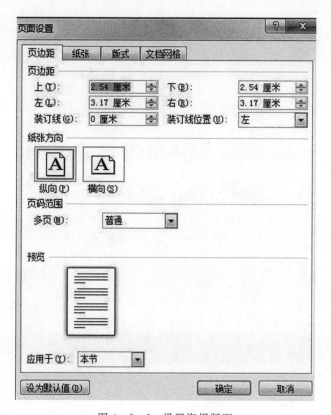

图 4-2-6 设置海报版面

2)执行"页面布局"选项标签中"页面背景"功能区的"页面颜色"命令,设置"主题颜色"为"深灰绿,着色 3,浅色 40％",如图 4-2-7 所示。

图 4-2-7 设置页面背景

(2)插入标题艺术字及文本框。

1)单击"插入"选项标签,在"文本"功能区执行"艺术字"命令,选择合适的艺术字样式单击,如图 4-2-8 所示,弹出如图 4-2-9 所示的文本框。

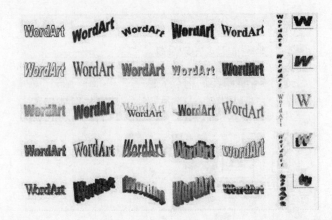

图 4-2-8 艺术字样式

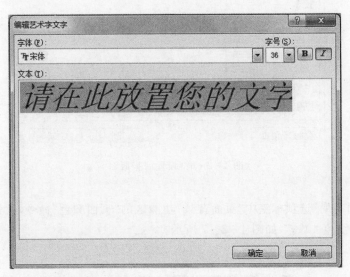

图 4-2-9 输入艺术字

2）单击"插入"选项标签，在"文本"功能区执行"文本框"→"简单文本框"命令，弹出如图 4-2-10 所示的文本框。

3）在文本框中输入"文明收餐，不留痕迹，节约用纸，不浪费"，设置好合适的字体格式，如图 4-2-11 所示。

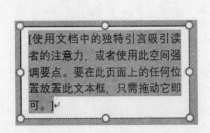

图 4-2-10 插入文本框

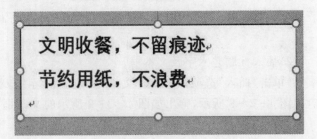

图 4-2-11 输入文字

4)选定文本框双击,执行"形状填充"→"无填充颜色"命令,如图 4-2-12 所示,再执行"形状轮廓"→"无轮廓"命令。

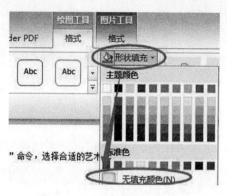

图 4-2-12　设置文本框背景

5)选定文本框,单击"页面布局"选项标签,选择"排列"功能区中"自动换行"→"四周型环绕"命令,然后调整文本框的大小并将其移动到合适的位置,如图 4-2-13 所示。

图 4-2-13　调整文本框位置

(3)插入形状。

1)单击"插入"选项标签,在"插图"功能区选择"形状"→"矩形"命令,插入形状,选择合适的颜色并移动位置,完成效果如图 4-2-14 所示。

图 4-2-14　插入形状完成效果图

2)单击"插入"选项标签,在"插图"功能区选择"形状"→"圆角矩形"插入文档,选择合适的颜色并移动位置,再次插入形状"椭圆",完成效果如图 4-2-15 所示。

提示:做出一个"椭圆"形状以后,可以按住"Ctrl"键,同时点击鼠标左键,复制图形。

按住"Shift"键同时点击多个图形,执行"绘图工具"选项标签中"排列"功能区的"对齐"命令,可以同时对齐多个图形或图片,再执行"排列"功能区"组合"命令,可以将多个图形组合。

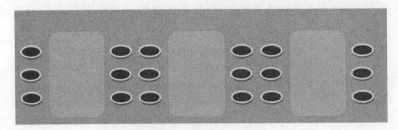

图 4-2-15 排列形状

(4)插入图片。单击"插入"选项标签,在"插图"功能区选择"图片"命令,弹出"插入图片"对话框,在选择需要的照片素材,单击"插入",如图 4-2-16 所示,调整图片的环绕方式为"四周型",再调整图片大小及位置,效果如图 4-2-17 所示。

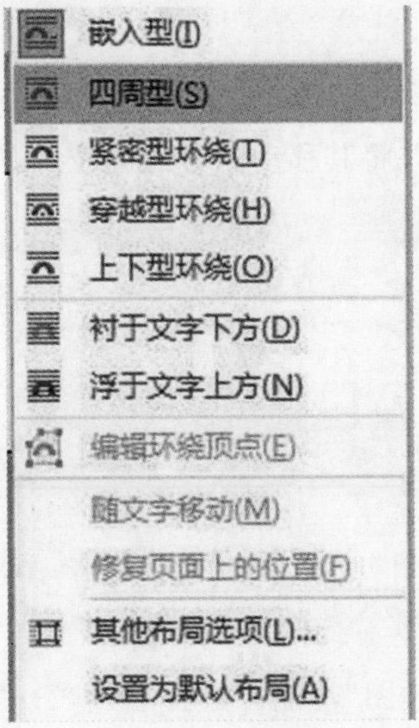

嵌入型(I)

四周型(S)

紧密型环绕(T)

穿越型环绕(H)

上下型环绕(O)

衬于文字下方(D)

浮于文字上方(N)

编辑环绕顶点(E)

随文字移动(M)

修复页面上的位置(F)

其他布局选项(L)...

设置为默认布局(A)

图 4-2-16　设置图片环绕方式

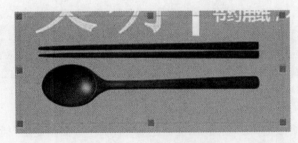

图 4-2-17　插入指定图片

(5)完成案例。重复插入文本框及形状,对宣传海报进行修饰,完成制作,最终效果如图 4-2-5 所示。

# 4.3　制作学籍表

## 【生活话题】

大家知道自己的档案里会有一张学籍表吗？大家有没有见到过呢？

(老师)

老师，我填过学籍表呢！是一张表格！表格里面有好多内容要填写的。

(小明)

我好像没有填过，我会不会没有学籍表啊?是每个人都会有的吗？

(小惠)

可能你的学籍表都是你爸爸妈妈填的呢！我的都是爸爸妈妈帮我填写的！

(小梅)

我没有见过学籍表，但是我知道你们说的表格是什么样的，我见过表格样式的个人简历呢！

(小花)

大家都知道学籍表，也知道表格是什么样，现在我们就要学习如何制作学籍表！

(老师)

## 【话题分析】

　　Word 中表格是由行和列组成的，横向称为行，纵向称为列，由行和列组成的方格称之为单元格。使用 Word 制作的表格可以任意调整大小、线条样式和颜色，还可以为单元格填充图案和颜色，使数据更突出醒目。

## 【知识介绍】

### 4.3.1 创建表格

表格由表示水平行与垂直列的直线组成单元格,创建表格是在文档中插入与绘制表格。

1.用"表格选择框"创建表格

将插入点移到需要插入表格的位置。

单击"插入"选项标签,选择"表格"功能区中的"表格"命令,子菜单如图4-3-1所示。

按住鼠标左键,在"表格选择框"中拖动鼠标选择表格所需的行数和列数,松开鼠标,即可在插入点光标处插入一个表格。

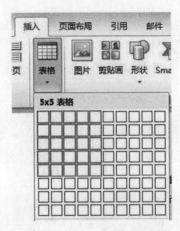

图4-3-1 "表格"子菜单

2.用"插入表格"对话框插入表格

将插入点移到需要插入表格的位置,单击"插入"选项标签,选择"表格"功能区中的"表格"→"插入表格"命令,弹出"插入表格"对话框,如图4-3-2所示。

选中"固定列宽"单选按钮,在其右边的数值框中键入或选择需要的列宽。

图4-3-2 "插入表格"对话框

3.用表格的"转换"功能快速生成表格

对于按一定规则处理的文本内容,可以通过转换方式快速生成表格。

选定输入的文本,单击"插入"选项标签,在"表格"功能区执行"表格"命令,在子菜单中选择"文本转换成表格(V)"选项,弹出"将文字转成表格"对话框;选择表格列数和文字分隔符,单击"确定"按钮,即可将输入的文本转化为规则表格。

4.用"绘制表格"工具创建表格。

单击"插入"选项标签,在"表格"功能区执行"表格"命令,在子菜单中选择"绘制表格"选项,文档窗口中的鼠标指针变成铅笔形状,可以在页面上随意绘制自己需要的表格。

### 4.3.2 编辑表格

编辑表格包括在表格中插入单元格、行或列,删除单元格、行或列,调整行高或列宽,移动、复制表格中单元格的内容等。

1.在表格中插入行或列

单击"布局"选项标签,在"行或列"功能区选择"在上方插入""在下方插入""在左侧插入""在右侧插入"命令,可以插入行或列,如图 4-3-3 所示。

图 4-3-3 在表格中插入行或列

2.删除表格中的行或列

单击"布局"选项标签,在"行或列"功能区选择"删除"命令,在子菜单中选择"删除单元格""删除列""删除行""删除表格"选项,如图4-3-4所示。

3.调整表格列宽

在表格中选定需要修改的列,单击"布局"选项标签,在"单元格大小"功能区中单击右下角的箭头 ,打开"表格属性"对话框,如图4-3-5所示。

在"列"选项标签上修改被选定列的列宽,单击"前一列""后一列"修改其他列的列宽。修改完毕之后,单击"确定"按钮返回。

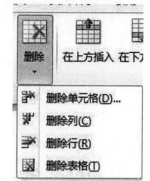

图 4-3-4 删除表格

将鼠标指针移到表格的竖线上,当指针变成 时,按住鼠标左键并拖动即可调整列宽。

单击"布局"选项标签,在"单元格大小"功能区选择"分布列"命令,可设置所选列的列宽相等。

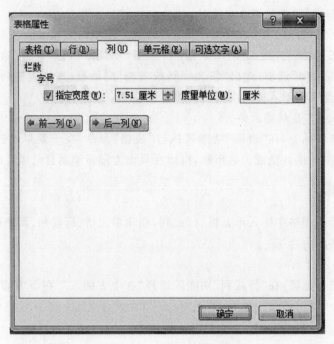

图 4 - 3 - 5  "表格属性"对话框

4.单元格的合并与拆分

合并单元格:选定要合并的单元格,单击"布局"选项标签,在"合并"功能区选择"合并单元格"命令。

拆分单元格:选定要拆分的单元格,单击"布局"选项标签,在"合并"功能区选择"拆分单元格"命令。

5.拆分表格

把插入点移到要作为新表格的第一行中,单击"布局"选项标签,在"合并"功能区选择"拆分表格"命令。

6.缩放表格

当鼠标指针移到表格中时,表格的右下方将出现一 (表格缩放手柄),鼠标指针指向表格缩放手柄,按下左键拖动即可缩放表格。

### 4.3.3  美化表格

1.设置单元格内容对齐方式

选取单元格或整个表格,单击"布局"选项标签,在"对齐方式"功能区中选择所需的对齐方式。

2.自动重复表格标题

如果表格分布在多页上,可以设置在各页自动重复表格标题。从表格第一行开始,选择要作为标题的一行或几行文本,单击"布局"选项标签,在"数据"功能区选择"重复标题行"命令。

### 3.改变文字方向

选取单元格,单击"布局"选项标签,在"对齐方式"功能区选择"文字方向"命令。

### 4.表格边框的设置

选中要设置框线的单元格后右击,从弹出的菜单中选择"边框与底纹(B)…"命令,则弹出如图 4-3-6 所示的"边框和底纹"对话框,再从"边框"选项卡中按①②③④的顺序依次进行边框的样式、颜色、线宽和类型的设置,其中第④步的操作还可以分别直接单击"预览"部分的各种框线的按钮自定义各种框线的样式。

另外,也可以通过表格的"设计"选项卡设置表格的边框:选中单元格,在如图 4-3-7 所示的"设计"选项卡的"绘图边框"选项组的"绘图边框"分组中通过"笔样式"按钮设置框线类型、"笔画粗细"按钮设置线宽、"笔颜色"按钮设置框线颜色;通过"表格样式"选项组中的"边框"按钮设置边框类型。

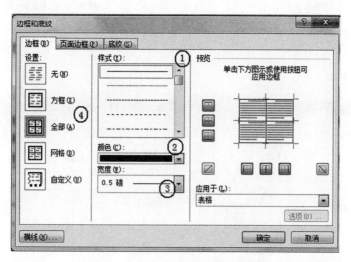

图 4-3-6　设置表格边框和底纹

图 4-3-7　"设计"选项卡

### 5.表格底纹的设置

选中要设置框线的表格后右击,从弹出的菜单中选择"边框与底纹(B)…"菜单命令,则弹出图 4-3-8 所示的"边框和底纹"对话框,再从"底纹"选项卡中通过"填充"的颜色下拉按钮设置填充颜色,通过"图案"的"样式"下拉按钮设置填充样式。

另外,也可以通过表格的"设计"选项卡进行设置,将要设置底纹的单元格选中,通过图 4-3-7所示的"设计"选项卡"表样式"选项组中"笔样式"下拉按钮设置底纹的颜色。注意:这种方法不能设置填充的图案样式。

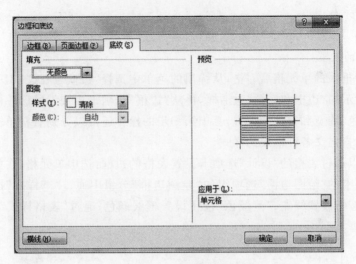

图 4-3-8　图案填充底纹

### 4.3.4　插入封面

单击"插入"标签,在"封面"一栏选择合适模板,进行修改加工,如图 4-3-9 所示。

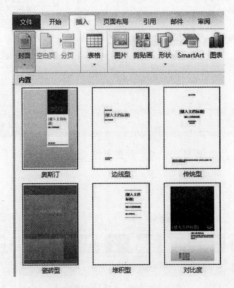

图 4-3-9　插入封面

单击"插入"选项标签,在"插图"功能区选择"图片"命令,选择"设置图片格式"→"版式"→"衬于文字下方",然后进行文字加工。

如输入"个人简历""姓名""学院""专业"和"联系方式"等相关信息。

### 4.3.5　表格中文字的对齐方式

1.水平对齐

选中需要水平对齐的单元格,再单击"开始"选项卡→"段落"选项组的任一文本对齐选项。

也可以通过"段落"选项组中的"文本左对齐""文本右对齐""分散对齐"或"两端对齐"来实现文本的各种水平对齐方式的设置。

2.垂直对齐

选中表格中需要垂直对齐内容的单元格后右击鼠标,从弹出的菜单中单击"表格属性"菜单命令,将弹出如图 4-3-10 所示的"表格属性"对话框,在"单元格"选项卡中可以设置垂直对齐方式为"靠上""居中"或"靠下"三种不同的方式。

表格的水平和垂直对齐方式也可同时组合设置,先选中要设置文本对齐方式的单元格,再通过表格的"布局"选项卡中的"对齐方式"选项组的六个对齐方式按钮来进行组合设置,如图 4-3-11 所示。

图 4-3-10 "表格属性"对话框

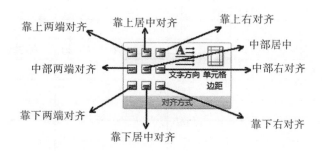

图 4-3-11 在"布局"选项卡中设置对齐方式

## 【案例实施】

1.任务目标及效果

本例制作一张学籍表,效果如图4-3-12所示。

# XXXXXX大学在籍学生学籍登记表

所在学院/部:　　　　　　　　　所学专业与年级、班级:

| 姓　名 | | 性别 | | 出生日期 | | 年　　月　　日 | | 照片 |
|---|---|---|---|---|---|---|---|---|
| 学籍号 | | | 民族 | | 外语语种 | | | |
| 生源所在地 | | 省（市、区） | | 市（县） | 宿舍号 | | | |
| 何时入团 | | 何时入党 | | 联系电话 | | | | |
| 家庭详细地址 | | | | | | | | |
| 家庭及父母联系电话 | | | | | 邮政编码 | | | |

| 简历 | 自　年　月 | 自　年　月 | 经历（所在学校或单位） | | | 证明人 |
|---|---|---|---|---|---|---|
| | | | | | | |
| | | | | | | |
| | | | | | | |
| | | | | | | |

| 家庭主要成员 | 关系 | 姓名 | 年龄 | 政治面貌 | 现工作单位 | 联系电话 |
|---|---|---|---|---|---|---|
| | | | | | | |
| | | | | | | |
| | | | | | | |
| | | | | | | |

| 家庭目前经济情况 | |
|---|---|
| | |

| 主要社会关系 | 关系 | 姓名 | 年龄 | 政治面貌 | 现工作单位 | 联系电话 |
|---|---|---|---|---|---|---|
| | | | | | | |
| | | | | | | |
| | | | | | | |

| 入学时间 | | 在校学籍变动情况 | 自/至　年　月　日 | 变动情况 | 原因 |
|---|---|---|---|---|---|
| 毕业时间 | | | | | |
| 就业单位 | | | | | |
| 健康情况 | | | | | |
| 是否保险 | | | | | |
| 是否贷款 | | | | | |
| 特长与爱好 | | 担任工作岗位 | | | |

XXXXXX大学学生工作处编制

图4-3-12　学籍表

2.任务分析

(1)设置标题。

(2)创建表格,设置行高、行距。

(3)设置表格底纹与边框。

3.实施步骤

(1)新建文档,输入标题。新建一个 Word 2010 文档,在文档的插入点处输入"××××××大学在籍学生学籍登记表""所在学院/部:"和"所学专业与年级、班级:"。

(2)插入表格。单击"插入"选项标签,单击"表格"的下拉钮,从弹出的菜单中选择"插入表格"命令,弹出"插入表格"对话框,如图 4-3-13 所示。

图 4-3-13 设置表格行数和列数

在"插入表格"对话框的列数和行数列表框中分别输入 1 列和 28 行,点"确定"按钮,即可自动插入一个 28 行 1 列的空表格。

(3)绘制表格。单击"快速访问工具栏"中的"绘制表格"按纽后,鼠标即变为铅笔状,按表格的要求用鼠标直接绘制表格前 6 行中对应的表格线;再选中第 1~4 行的最后一列,再选择"布局"选项标签,单击"合并"选项组,执行"合并单元格"命令,则将这四行单元格合并,就可以实现表格前 6 行的绘制,如图 4-3-14 所示。

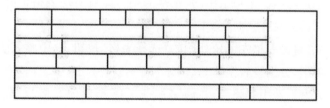

图 4-3-14 绘制表格

(4)绘制剩余表格。单击"快速访问工具栏"中的"绘制表格"工具按钮后,鼠标即变为铅笔状,按如图 4-3-15 所示的学籍表雏形用鼠标直接绘制表格剩余行中对应的表格线。

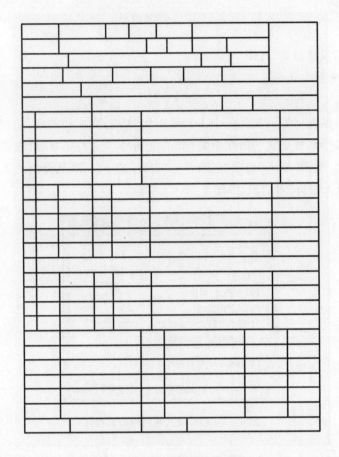

图 4-3-15　鼠标绘制学籍表

(5)合并单元格。选中上表的第 22～27 行的 C 列后,再单击"布局"选项标签,选择"合并"选项组,执行"合并单元格"命令,则将这 6 行的 6 个单元格合并为 1 个单元格;用同样的方法将 A7:A11 单元格合并、A12:A16 单元格合并、A18:A21 单元格合并。

(6)设置对齐方式。单击表格左上角外侧的"选择表格"按钮,选中整张表格,再单击"布局"选项标签,选择"对齐方式"选项组中的"水平居中",即可实现表格中的所有单元格的文字在垂直和水平方向都居中对齐。

(7)字符格式化。单击表格左上角外侧的"选择表格"按钮,选中整张表格,通过"开始"选项标签的"字体"选项组,分别设置字体为"宋体"、字号为"小五"号。

(8)调整行高、列宽。选中表格后,在如图 4-3-16 所示的表格的"布局"选项卡的"单元格大小"选项组的"高度"的列表框中输入"0.7 厘米",则将每一行的单元格的行高设置为 0.7 厘米;选中表格第 17 行,在表格的"布局"选项卡的"单元格大小"选项组的"高度"的列表框中输入"2.8 厘米",则将第 17 行单元格的行高设置为 2.8 厘米。

图 4-3-16 "单元格大小"选项组

(9)设置底纹。按图 4-3-12 所示的表格,在表格的对应单元格中输入相应的文字;选中表格的第 7 行,单击表格的"设计"选项卡选择"表格样式"选项组"底纹"按钮,弹出如图 4-3-17 所示的"主题颜色"设置面板,单击第 1 列第 3 行的"白色,背景 1,灰色 15%"设置底纹;再选中第 12 行和第 18 行设置底纹。

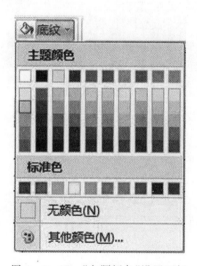

图 4-3-17 "主题颜色"设置面板

(10)设置边框。选中整个表格,单击"设计"便签,选择如图 4-3-18 所示的"绘图边框"选项组的"笔画粗细"按钮,设置线宽为"2.25 磅",再单击表格的"设计"选项卡的"表格样式"选项组的"边框"下拉钮,从弹出的如图 4-3-19 所示的菜单中选择"外侧框线(S)"菜单命令即可。

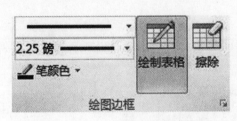

图4-3-18　"绘图边框"选项组　　　图4-3-19　"边框"菜单

# 4.4  制作数学试卷

## 【生活话题】

同学们经历了小学、初中，对数学试卷应该不陌生吧？那同学们知道数学中有很多符号和方程式是怎么编辑的吗？数学试卷又是如何制作的呢？

（老师）

老师，数学里的方程式很难呢，每次看到试卷的时候我都在想这些符号是如何输入到电脑里的！

（小明）

数学公式有很多，符号也有好多，手写都觉得好复杂，要用电脑做出来，岂不是更复杂了么？

（小惠）

（小梅）

其实没有像大家想的那么困难啊！电脑是智能化的，反而会比手写要方便很多！

会者不难，难者不会！只要我们跟着老师好好学习，那看似复杂的数学试卷，就做出来啦！

（小花）

跟着老师好好学习，让大家做一份属于自己的数学试卷。

（老师）

## 【话题分析】

　　数学试卷里面包含我们需要学习的很多内容。在编辑有关自然科学的文档时，经常会遇到各种公式，而用一般的文档编辑方法是难以实现的。

　　利用 Word 中的公式编辑器可以很方便地生成各种公式。数学试卷的构成不仅仅是文字的输入，其中需要学习的还有公式的插入方法、制表位的设置、样式的添加与修改。在制作试卷的过程中，可以学习更多关于 Word 的操作方法。

## 【知识介绍】

### 4.4.1 插入公式

选择插入公式的位置，单击"插入"选项标签，在"符号"功能区执行"公式"命令，如图 4-4-1 所示。

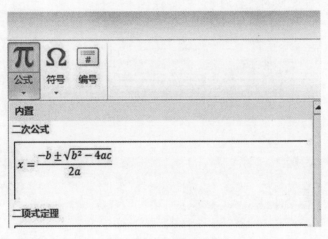

图 4-4-1 插入公式

"公式"工具栏如图 4-4-2 所示，"符号"功能区包含与公式编辑相关的符号，有 150 多个。结构功能区包含公式编辑模板，大约有 120 个（包含分式、根式、求和、积分、乘积、矩阵等符号及各种围栏等）。

图 4-4-2 "公式"工具栏

在"公式"工具栏上选择符号，从键盘（或软键盘）输入变量和数字，以创建公式。完成公式编辑后，单击公式编辑器框以外的任何位置，即可退出公式编辑状态并返回当前文档中。此时公式已经插入到文档中了。

如要编辑数学公式：

$$M_i = \sum_{k=1}^{n} \alpha_{ik} \times \sqrt[3]{f(x)}$$

操作方法如下：

（1）新建 Word 文档，执行"插入"→"符号"组→公式图标 $\pi$ ，在出现的公式选项框中输入公式。

(2)执行"公式工具"→"设计"→"结构"组→上下标→下标,在各自对应位置,输入"M","i"。单击公式右侧结束处,将光标定位到公式右侧位置,在"符号"组选择"="。

(3)执行"公式"→"公式工具"→"结构"组→大型运算符,选择上下都带虚框的求和符号,然后将光标置于相应的位置上分别输入"n""k=1",接着使光标置于右侧,执行"公式工具"→"设计"→"结构"组→"上下标"→"下标",在对应位置点击"符号"组的滚动条,找到并输入"α",在下标处输入"ik",将光标定位到公式右侧位置,在"符号"组选择"×"。

(4)执行"公式工具"→"设计"→"结构"组→根式→立方根,然后将光标置于根号内输入"f",执行"公式工具"→"设计"→"结构"组→括号,选第一种,输入"x"。单击正文任意位置,退出公式编辑环境。

(5)保存文件。

### 4.4.2 页面设置

单击"页面布局"选项标签,选择"页面设置"右下角箭头,弹出"页面设置"对话框,如图 4-4-3 所示。"页面设置"对话框包括"页边距""纸张""版式"和"文档网络"4 个选项标签,每个选项标签对应相应的位置。

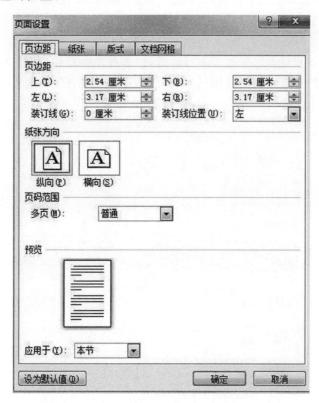

图 4-4-3 "页面设置"对话框

### 4.4.3 修改样式

单击"开始"选项标签,选择"样式"功能区,执行"更改"样式命令,选择需要的样式、颜色、字体及段落间距。

### 4.4.4 设置页眉、页脚

在页眉、页脚中，可以设置文档页码、日期、单位名称、作者姓名等内容。

1.插入页眉、页脚

单击"插入"选项标签，选择"页眉页脚"功能区，执行"页眉"命令，在列表中选择选项就可以为文档插入页眉。同样，执行"页脚"命令，在列表中选择选项就可以为文档插入页脚。

2.删除页眉、页脚

单击"插入"选项标签，选择"页眉与页脚"功能区，执行"页眉"→"删除页眉"命令，删除页眉内容。同样，执行"页脚"命令，选择"删除页脚"删除页脚内容。

### 4.4.5 打印文档

在"文件"菜单上选择"打印"，打开打印选项卡。整个打印页面分为两部分：左侧是打印选项区，可以在这个区域根据要求设置打印的格式；右侧是打印预览区，可以通过预览区，看到左侧设置完之后打印出来的效果。

左侧打印选项区总共有三个选项，分别是"打印""打印机""设置"。

打印选项：点击打印左侧的打印机图标，点击后可以直接打印；在"份数"框中可以设置打印的份数。

打印机选项：在这里选择已经连接的打印机，如果有多台打印机，可以点击右侧的下拉箭头，在下拉菜单内选择想要输出的打印机。同时也可以点击"打印机属性"设置打印，如图4－4－4所示。

图 4 - 4 - 4　打印设置

设置选项：通过设置选项，可以设置打印的文档页数、打印的单双面、打印纸张的方向、打印纸型、页边距等。

# 单元五　使用 Excel 处理和统计数据

在日常办公中，使用表格可以直观处理数据信息。Microsoft Excel 是一款电子表格软件。直观的界面、出色的计算和图表工具功能，使 Excel 成为最流行的个人计算机数据处理软件。

本单元主要帮助大家了解 Excel 的图形界面、基本操作；学会创建表格、美化表格；应用公式和函数对数据表中的数据进行计算、数据分析；了解手机使用 Excel 的方法。

# 5.1 制作学生登记表

## 【生活话题】

大家在初中有没有学过电子表格？有没有用过电子表格来做学生信息呢？

（老师）

电子表格？这是什么呀？我不会哦！

（小明）

电子表格是用电脑做的表格，对吧，老师？

（小惠）

（小梅）

我以前在初中学过，是用Excel做的表格，可以做出很多样式哦！

老师，我做过学生信息登记表，但是在做这个表的时候出现了很多问题，例如表格的设置、身份证号录入等。

（小花）

大家都认真地考虑了老师提出的问题，接下来我们将分析怎么样去做学生信息电子表格，要认真听哦！

（老师）

## 【话题分析】

学生进入学校后，应该对每一位学生的基本信息登记备案，便于今后学校对学生进行管理，让信息存档，以前都是用纸质版，时间长了容易破损或丢失，为了让学生基本信息能够高效、持久地保存，现在都采用电子表格的形式。

## 【知识介绍】

电子表格是采用表格的形式来管理数据。可以按照自己的习惯和方式使用 Excel 来建表。基本过程分为新建工作簿、创建表的结构、输入数据、表格的编辑与美化、保存工作簿。

### 5.1.1　熟悉 Excel 2010 窗口

Microsoft Excel 是功能完整、操作简易的电子表格软件，提供丰富的函数及强大的图表、报表制作功能，能实现高效的资料管理，如图 5－1－1 所示。

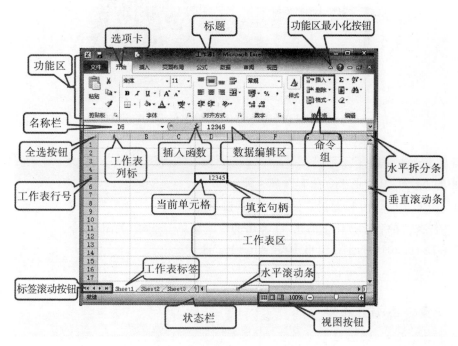

图 5－1－1　Excel 2010 工作窗口

### 5.1.2　Excel 专业术语

（1）工作簿。用户启动 Excel 时，系统会自动创建一个工作簿 1，扩展名为.xlsx。

（2）工作表。工作表又称为电子表格，主要用来存储与处理数据。默认情况下，一个工作簿包括三张工作表，默认工作表名称为 sheet。

（3）单元格。单元格是 Excel 的最小单位，由行和列组成，通过行号与列标显示标识。

### 5.1.3　启动和退出 Excel

1.启动 Excel 2010

启动 Excel 2010 的方法有以下两种：

（1）选择"开始"→"程序"→Microsoft Office→Microsoft Office Excel 2010，如图5－1－2所示。

（2）双击任何一个工作簿文件。

图 5-1-2　"开始"菜单

2.退出 Excel 2010

常用的 Excel 2010 退出方法有以下 4 种：

（1）单击 Excel 2010 标题栏右侧的"关闭"按钮⊠。

（2）在任务栏的程序按钮上右击，在弹出的快捷菜单上选择"关闭"命令。

（3）在 Excel 2010 的工作窗口中按"Alt＋F4"键。

（4）双击窗口左上角的 Excel 图标⊠。

### 5.1.4　编辑 Excel 工作簿

1.创建工作簿

创建工作簿的方法有以下两种：

（1）在"文件"菜单中选择"新建"命令，在弹出的"可用模板"列表中，选择"空白工作簿"选项，单击"创建"即可，如图 5-1-3 所示。

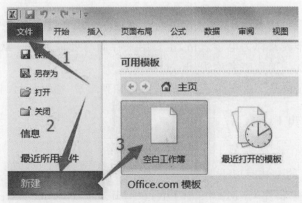

图 5-1-3　新建工作簿

（2）在窗口顶部的"自定义快速访问工具栏"下拉列表中，选择"新建"命令，如图 5-1-4 所示。

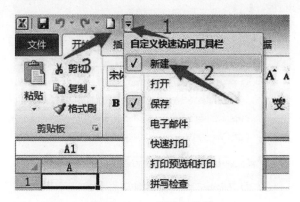

图 5-1-4　创建工作簿

### 2.保存工作簿

在 Excel 2010 中，保存工作簿分为"手动保存"和"自动保存"两种。

（1）手动保存。在"文件"菜单中选择"保存"命令，或在"快速访问工具栏"中选择保存按钮，在弹出的"另存为"对话框中，设置文件要保存的位置、名称和类型，如图 5-1-5 所示。

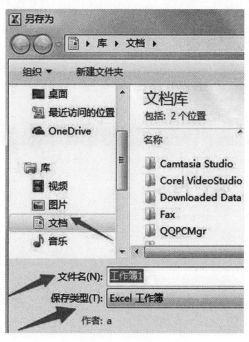

图 5-1-5　"另存为"对话框

（2）自动保存。在"文件"菜单中选择"选项"命令，在弹出对话框中选择"保存"选项标签，选择右侧的"保存工作簿"选项，完成相应的设置即可，如图 5-1-6 所示。

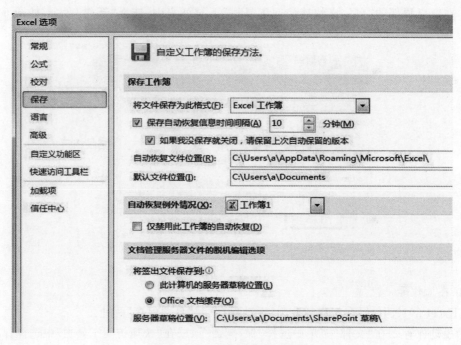

图 5-1-6 "选项"设置对话框

### 3.工作簿加密

工作簿的加密是为了保护工作簿中的数据安全。

在"另存为"对话框中,选择"工具"下拉列表中的"常规选项"命令,如图 5-1-7 所示。在弹出的"常规选项"对话框中,为"打开权限密码"和"修改权限密码"输入密码,如图 5-1-8 所示。

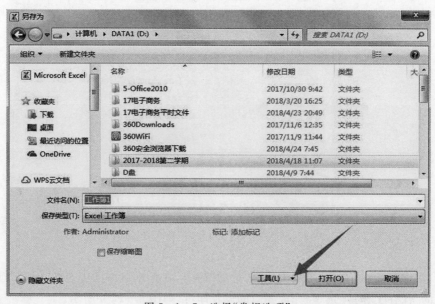

图 5-1-7 选择"常规选项"

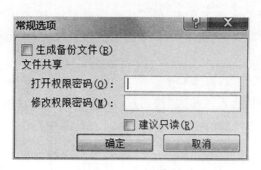

图 5-1-8　设置密码

### 5.1.5　编辑 Excel 工作表

**1.工作表的选择及重命名**

工作表是 Excel 中用于存储和处理数据的文档,也称为电子表格。工作表由排列成行和列的单元格组成。

(1)选定的一张工作表。在待选的工作表标签上单击即可选择工作表为当前。工作表只有成为当前活动表后,才能对该工作表进行操作,没有被激活的工作表标签以灰底显示。如图 5-1-9 所示 Sheet2 是当前活动工作表。

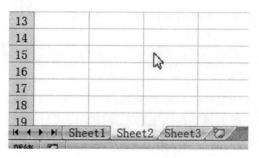

图 5-1-9　活动工作表

(2)选定多张工作表。

选择相邻工作表:单击第一张工作表的标签,按住 Shift 键,再单击最后一张工作表的标签。

选择不相邻的工作表:单击一张工作表的标签,然后按住 Ctrl 键,再单击选定的另一张工作表的标签。

选择工作簿中所有工作表:用鼠标右键单击工作表标签,在弹出的快捷菜单中选择"选定全部工作表"。

(3)重命名工作表。Excel 中默认的工作表以 Sheet1,Sheet2,Sheet3……方式命名,根据需要可对这些工作表重新命名。

方法一:双击工作表标签,输入新的工作表名称。

方法二:用鼠标右键单击需要重命名的工作表标签,在弹出的快捷菜单中选择"重命名",输入新的工作表名称。

方法三：选择需要重命名的工作表，使其成为活动工作表，打开"开始"选项卡上的"单元格"选项，在组中的"格式"下拉列表中选择"重命名工作表"，输入新的工作表名称。

**2.插入和删除工作表**

在工作簿中插入新工作表，方法如下：

单击工作表标签后的"插入工作表"按钮 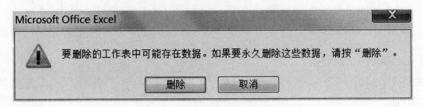，或在需要插入工作表的标签上单击鼠标右键；在弹出的快捷菜单中选择"插入"，在打开"插入"对话框中选择"工作表"选项，单击"确定"按钮即可插入一张空工作表。

删除工作簿中不需要的工作表。首选应选中要删除的工作表，用鼠标右击活动工作表标签，在弹出的快捷菜单中选"删除"命令，如图5-1-10所示。

图5-1-10  删除工作表对话框

**3.选择单元格**

选定单个单元格：利用鼠标单击该单元格。

选定相邻单元格：单击要选定区域中的第一个单元格，拖动鼠标到目标区域的最后一个单元格。

选定不相邻的单元格：先利用鼠标选择单个（或连续）单元格，然后按住"Ctrl"键不放，再选定其他单个（或连续）单元格。

选定几行或几列：将鼠标指向行号或列标处，单击行号或列标即可选定该行或该列，若同时选定几行或几列，在行号或列标处按住鼠标左键拖动即可。

被选中的单元格其行号和列标都呈黄色显示状态，如图5-1-11所示。

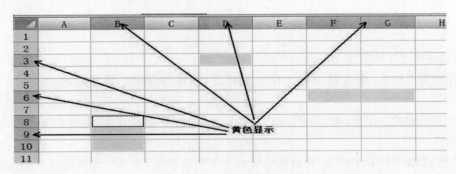

图5-1-11  选中的单元格

**4.输入数据**

（1）输入文本。文本包括汉字、英文字母、特殊符号、数字、空格以及其他能从键盘输入的符号。默认状态下，单元格中的文本左对齐。

（2）输入数字。合法的数字包括数字字符0～9以及包括逗号、小数点、美元符号及百分号等。默认状态下,单元格中的数字是右对齐。要输入一个负数时,在它前面加上负号或用括号括起来。输入分数须在分数前输入"0"表示区别于日期,并且"0"和分子之间用空格隔开。

（3）输入日期和时间。使用多种格式输入一个日期,用"/"或"－"分隔日期的年、月、日。同一单元格中输入日期和时间时,必须用空格隔开,在默认状态下,日期和时间在单元格中右对齐。

5.使用填充柄

填充柄 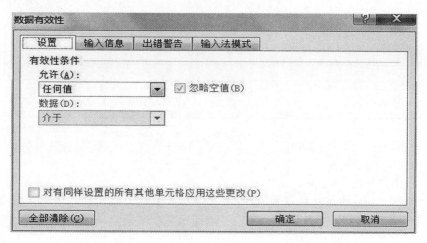 是位于选定区域右下角的小黑方块。将用鼠标指向填充柄时,鼠标的指针变为黑十字。通过拖动单元格填充柄,将选定单元格中的内容复制到同行或同列的其他单元格中。

6.保护数据有效性

使用数据有效性可以控制用户输入到单元格的数据或值的类型。首先选择需要设置数据有效性的单元格或单元格区域,然后打开"数据"选项卡上的"数据工具"选项,在组中的"数据有效性"按钮 上单击,弹出如图 5－1－12 所示的对话框。

图 5－1－12　"数据有效性"对话框

在"数据有效性"对话框中设置数据有效性:

(1)将数据输入限制为下拉列表中的值。

1)在"数据有效性"对话框中,单击"设置"选项卡。

2)在"允许"框中,选择"序列"。

3)单击"来源"框,然后键入用逗号分隔符分隔的列表值。

(2)将数据输入限制为指定小数。

1)在"数据有效性"对话框中,单击"设置"选项卡。

2)在"允许"框中,选择"小数"。

3)在"数据"框中选择所需的限制类型。例如,要设置上限和下限,可以选择"介于"。

4)输入允许的最小值、最大值或特定值。

(3)指定对无效数据的响应。

1)单击"出错警告"选项卡,如图 5－1－13 所示,选中"输入无效数据时显示出错警告"复选框。

2)在"样式"框中选择下列选项之一：

若要显示可输入无效数据的信息性消息，请选择"信息"。

若要显示可输入无效数据的警告消息，请选择"警告"。

若要防止输入无效数据，请选择"停止"。

3)填写消息的标题和文本。

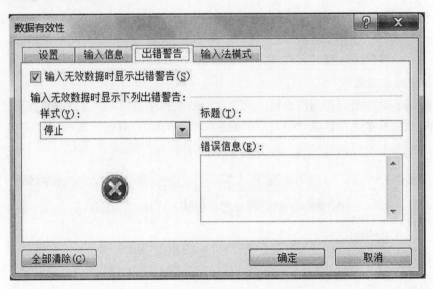

图 5-1-13 "数据有效性"中的"出错警告"

### 7.设置数字格式

在 Excel 2010 中，通过设置数字格式，改变单元格中数字的外观。选定要设置数字格式的单元格或区域，单击"开始"选项卡上"数字"选项组，打开"设置单元格格式"对话框。在"数字"选项卡的"分类"列表框中，列出了 Excel 2010 所有的数字格式，如图 5-1-14 所示。

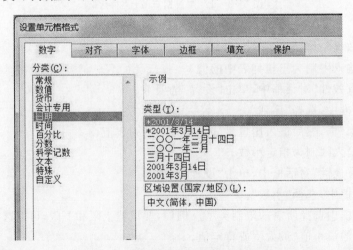

图 5-1-14 "设置单元格格式"对话框

### 5.1.6 编辑 Excel 单元格

**1.复制单元格**

拖动法：选定要移动的单元格或单元格区域，将鼠标指针移到所选区域的边框上，使鼠标指针变为，按住"Ctrl"键的同时，按住鼠标左键拖动鼠标到目标位置，松开鼠标即可将数据复制到目标位置。

使用剪贴板法：选定要移动的单元格或单元格区域，单击"开始"选项卡上"剪贴板"选项组中的"复制"按钮，或使用"Ctrl ＋ C"组合键；然后选定要粘贴数据的目标单元格或单元格区域，单击"开始"选项卡上"剪贴板"选项组中的"粘贴"按钮，或按下"Ctrl ＋ V"组合键，即可将单元格或单元格区域的数据复制到目标单元格或单元格区域中。

**2.移动单元格**

拖动法：选定要移动的单元格或单元格区域，将鼠标指针移到所选区域的边框上，使鼠标指针变为，按住鼠标左键不放，拖动鼠标到目标位置，松开鼠标即可将数据移动到目标位置。

使用剪贴板法：选定要移动的单元格或单元格区域，单击"开始"选项卡上"剪贴板"选项组中的"剪切"按钮，或使用"Ctrl ＋ X"组合键，然后选定要粘贴数据的目标单元格或单元格区域，单击"开始"选项卡上"剪贴板"选项组中的"粘贴"按钮，或按下"Ctrl ＋ V"组合键，即可将单元格或单元格区域的数据移动到目标单元格或单元格区域中。

**3.清除数据及数字格式**

选定要删除的单元格或单元格区域，按下"Delete"键即可删除所选定的数据。

在工作表中选定要删除的单元格或单元格区域，单击"开始"选项卡中"编辑"选项组的"清除"命令，在下拉列表中有 4 个选项，如图 5－1－15 所示。

"全部清除"选项删除所选择单元格的所有内容和格式。

"清除格式"选项只删除选定区域格式，而不影响其内容和批注。

"清除内容"选项是删除所选单元格内容数据和公式，而不影响单元格格式或批注。

"清除批注"选项是只删除附加到所选单元格的批注，而不影响单元格的内容和格式。

**4.设置工作表标签颜色**

选定要着色的工作表，鼠标右击，显示快捷菜单，选择"工作表标签颜色"按钮，在弹出的颜色框中选中所要的颜色即可。

**5.添加批注**

选中需要添加批注的单元格，单击"审阅"选项卡中"批注"选项组的"新建批注"按钮，在弹出的批注编辑框中，输入批注的内容完成批注添加。

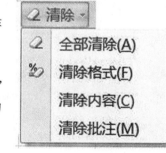

图 5－1－15 "清除"下拉列表

### 5.1.7 编辑 Excel 行和列

**1.插入行、列及工作表**

插入行：选中插入行，单击"开始"选项卡上"单元格"选项组中的"插入"按钮，或右键快捷菜单中单击"插入"，即可在工作表中选定的行前插入空行。

插入列：鼠标选中该列，在"开始"选项卡上"单元格"选项组中选择"插入"按钮，或在右键快捷菜单中选择"插入",即可在选定的列左侧插入空列。

插入工作表:单击表标签页右侧的"插入工作表"按钮，或使用快捷键"Shift＋F11"都可以插入一张新的工作表。

2.隐藏工作簿、工作表、行和列

隐藏工作簿:单击"视图"选项卡上"窗口"选项组,选中"隐藏"按钮,即可将工作簿隐藏。取消隐藏工作簿时,单击"视图"选项卡上"窗口"选项组中"取消隐藏"按钮,在弹出对话框中选择要取消隐藏的工作簿,单击"确定"按钮即可,如图 5-1-16 所示。

隐藏工作表、行或列:选择要隐藏的工作表、行或列,单击"开始"选项卡上"单元格"选项,选中组中的"格式"按钮,在弹出的下拉列表的"隐藏和取消隐藏"的子项,选择相应隐藏按钮即可,如图 5-1-17 所示。

图 5-1-16　取消隐藏工作簿

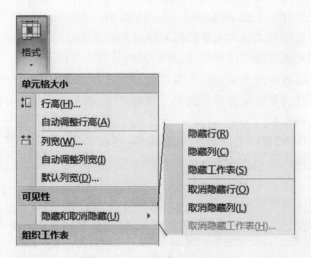

图 5-1-17　隐藏和取消隐藏

3.设置条件格式

在编辑数据时,可以应用条件格式功能,按指定的条件筛选工作表中的数据,并利用颜色突出显示所筛选的数据。首先选择需要筛选数据的单元格区域,再单击"开始"选项卡上"样式"选项,选择组中的"条件格式"命令按钮,选择相应的选项即可。

突出显示单元格规则：使用查找单元格区域中特定单元格操作，是基于比较运算符来设置这些特定的单元格格式。该选项包括大于、小于、介于、等于、文本包含、发生日期与重复值 7 种规则。如选择"小于"选项，如图 5-1-18 所示。

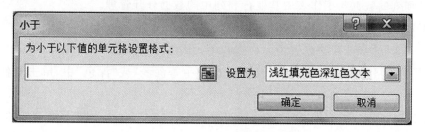

图 5-1-18 "小于"条件格式设置

项目选取规则：根据指定截止值查找单元格区域中最高值或最低值，或查找高于、低于平均值或标准偏差的值。该选项包括值最大 10 项、值最大 10% 项、值最小 10 项、值最小 10% 项、高于平均值与低于平均值 6 种规则。如选择"值最大的 10 项"选项，出现如图 5-1-19 所示对话框。

数据条：帮助查看某个单元格相对于其他单元格中值，数据条长度代表单元格中值的大小，值越大数据条就越长，如图 5-1-20 所示。

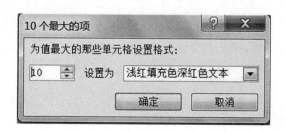

图 5-1-19 "10 个最大的项"格式设置 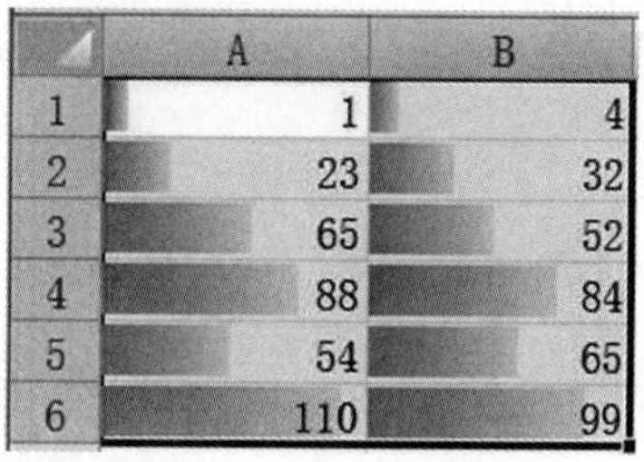　　　　图 5-1-20 "数据条"

色阶：直观帮助了解数据分布与变化，可分为双色刻度与三色刻度，如图 5-1-21 所示。

图标集：图标集可以对数据进行注释，并可以按阈值将数据分为 3～5 个类别，这些类别由阈值分隔。每个图标代表一个值范围，如图 5-1-22 所示。

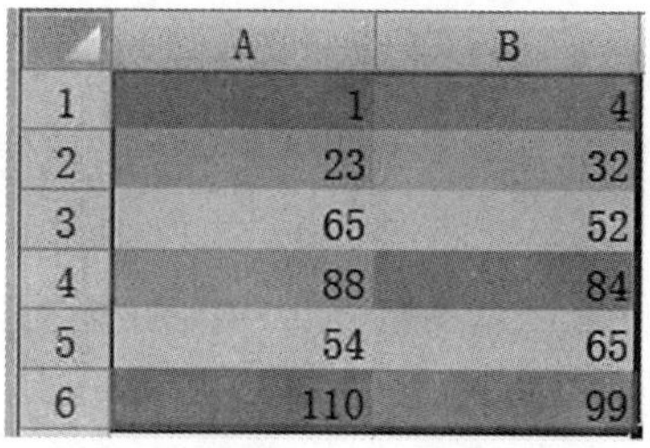

图 5-1-21 "色阶" 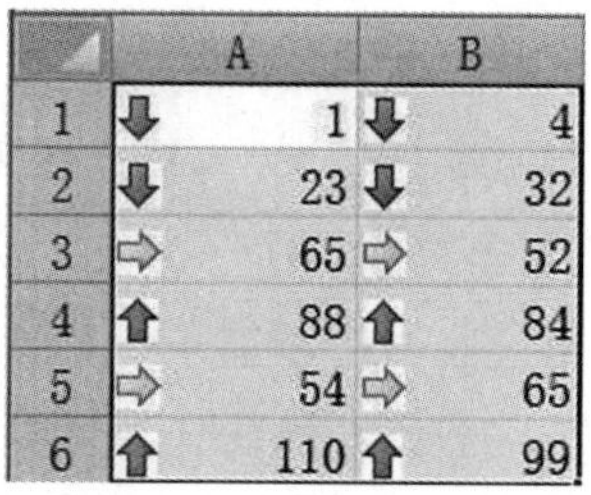　　　　图 5-1-22 "图标集"

### 5.1.8 套用表格格式

为便于管理和分析相关数据组,可以将单元格区域转换为 Excel 表。通过使用表功能,可以将表中行和列的数据与工作表中其他行和列中的数据分开管理。

1.创建 Excel 表并命名

在工作表上,选择要快速设置为表格式的单元格区域,打开"开始"选项卡上的"样式"选项组,单击"套用表格格式",在下拉列表的"浅色""中等深浅"或"深色"中,单击要使用的表样式,如图 5-1-23 所示。

在"设计"选项卡上,选择"属性"选项组中的"表名称",在文本框中输入新的表名称,如图 5-1-24 所示。

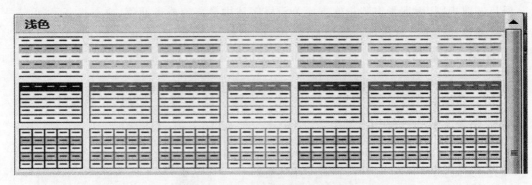

图 5-1-23 "套用表格格式"选项

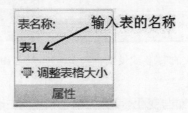

图 5-1-24 输入表名

2.设计 Excel 表样式

新建表后,可以在"设计"选项卡上的"表样式选项"中选择表的样式。

(1)标题行。默认情况下,每个表列都在标题行中启用了筛选功能,可以快速筛选表数据或对表数据进行排序,如图 5-1-25 所示。

(2)汇总行。在表中添加一个汇总行,该行提供对汇总函数的访问。在每个总计行单元格中会显示一个下拉列表,以便快速计算所需的总计,如图 5-1-26 所示。

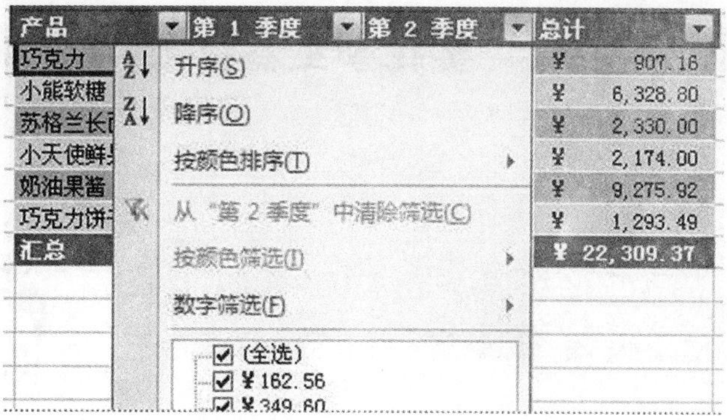

图 5-1-25　"表"的快速筛选

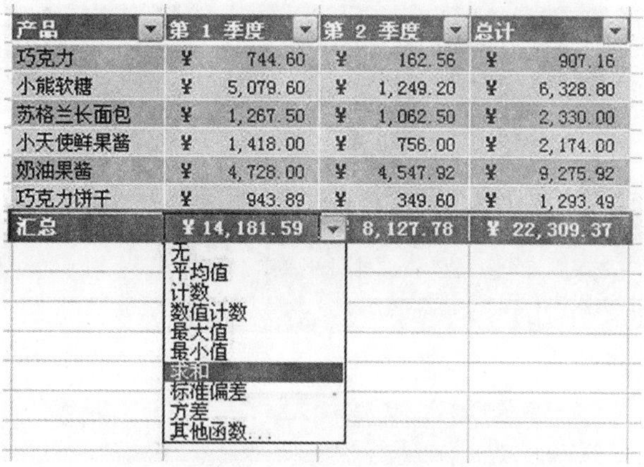

图 5-1-26　"表"的汇总行

## 【任务实践】

本任务主要是练习工作表的行、列、单元格的基本操作,单元格的数据设置,如何保护工作表的数据,设置下拉列表进行数据输入、批注的设置,效果如图 5-1-27 所示。

| | A | B | C | D | E | F | G |
|---|---|---|---|---|---|---|---|
| 1 | ****学院17电商班学生登记表 | | | | | | |
| 2 | | | | | | 制表日期: | 2018年5月2日 |
| 3 | 序号 | 学号 | 姓名 | 性别 | 入学成绩 | 身份证号码 | 联系电话 |
| 4 | 1 | 170804001 | 张一 | 男 | 467.5 | 340111199103061234 | 1365555**** |
| 5 | 2 | 170804002 | 李天骄 | | 443 | 340122199803021546 | 1364564**** |
| 6 | 3 | 170804003 | 王胜 | | 418.5 | 342401200002024559 | 1389785**** |
| 7 | 4 | 170804004 | 骆天 | | 398 | 342526200112124897 | 1885698**** |
| 8 | 5 | 170804005 | 马玲 | | 403 | 340121199805031689 | 1312564**** |
| 9 | 6 | 170804006 | 曹涵 | | 428 | 342526200001017895 | 1880213**** |
| 10 | 7 | 170804007 | 徐萌 | | 411 | 340121199909099999 | 1361234**** |
| 11 | 8 | 170804008 | 卢煜明 | | 444.5 | 340111199804071432 | 1368794**** |
| 12 | 9 | 170804009 | 史文龙 | | 431 | 340122199807214784 | 1505605**** |
| 13 | 10 | 170804010 | 周兵 | | 451.5 | 342401200002205554 | 1399478**** |
| 14 | 11 | 170804011 | 魏占晓 | | 442.5 | 342526200112174567 | 1471254**** |
| 15 | 12 | 170804012 | 蒋凯 | | 387 | 340121199909251567 | 1512454**** |
| 16 | 13 | 170804013 | 张峰 | | 396 | 342526200002244721 | 1588888**** |
| 17 | 14 | 170804014 | 吴学全 | | 455 | 340121200009096666 | 1366666**** |
| 18 | 15 | 170804015 | 李婷婷 | | 411.5 | 340122199803021546 | 1399999**** |
| 19 | | | | | | | |

图 5-1-27　学生登记表

# 5.2 美化学生登记表

## 【生活话题】

大家看看图5-1-27是不是觉得不舒服呀?是不是觉得那张表做得有点丑呀?

(老师)

(小明)

老师,我都不忍直视呀!

老师,那张表是原始版,没经过修剪,我们怎么样才能给那张表"PS"一下呢?

(小惠)

(小梅)

老师,表格的美化一般都是调整格式,让表格显得整洁、有序对吧?

老师,我已经迫不及待想将那张表美化一下了,看着实在有点难受。

(小花)

(老师)

爱美之心,人皆有之。好,下面我们就来介绍一下怎么样美化表格,大家认真听哦!

## 【话题分析】

为了更加直观、有效地表达工作表中的数据,使数据条理化、清晰化,可以对工作表进行美化。美化工作表,即设置工作表的格式,这种设置不会影响表中的数据,只是改变数据的表现形式。

## 【知识介绍】

### 5.2.1　格式化 Excel 文本

格式化文本即设置单元格中的文本格式，包括设置字体、字号、颜色等内容。

1.选项组美化文本

选择需要更改字体的单元格或单元格区域，应用"开始"选项卡上"字体"选项组中各种按钮，如图 5-2-1 所示。

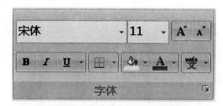

图 5-2-1　"字体"选项组

设置字体：单击"字体"的下拉按钮，在下拉列表中选择相应的字体。

设置字号：单击"字号"的下拉按钮，在下拉列表中选择相应的字号，或者单击"增大字号" $\boxed{\text{A}}$ 或"减小字号" $\boxed{\text{A}}$ ，直到所需的"字号"框中显示所需字号。

设置字形：单击"加粗"按钮 $\boxed{\text{B}}$ 、"倾斜"按钮 $\boxed{\text{I}}$ 、"下划线"按钮 $\boxed{\text{U}}$ ，即可对字体进行相应的字形设置。

设置颜色：单击"字体颜色"的下拉按钮，在"主题颜色"或"标志颜色"选项组中选择相应的颜色即可。另外，还可以单击"其他颜色"，然后在"颜色"对话框的"标准"选项卡或"自定义"选项卡上指定要使用的颜色，如图 5-2-2 所示。

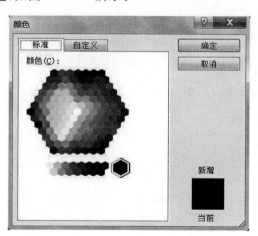

图 5-2-2　"颜色"对话框

2.对话框美化文本

文本的美化还可以利用对话框方式来进行设置。单击"字体"选项组中的"对话框启动器"按钮 $\boxed{\text{□}}$ ，在弹出的"设置单元格格式"对话框中，选择"字体"选项卡设置即可，如图 5-2-3

所示。

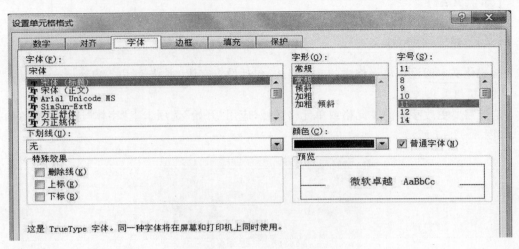

图 5-2-3 "字体"选项卡

### 5.2.2 格式化 Excel 中数字

通过设置数字格式改变单元格中数字外观。数字格式只改变数字在单元格中的显示,而不会改变该数字在编辑栏中的显示。

1.选项组美化数字

选定要美化数字的单元格或单元格区域,单击"开始"选项卡上"数字"选项组中的各种命令即可,见表 5-2-1。

表 5-2-1 "数字"命令按钮的功能

| 按　钮 | 命　令 | 功　能 |
| --- | --- | --- |
| .00→.0 | 增加小数位数 | 数据增加一个小数位 |
| .00→.0 | 减少小数位数 | 数据减少一个小数位 |
| , | 千位分隔符 | 每个千位间显示一个逗号 |
| 🔢 | 会计数字格式 | 数据前显示使用的货币符号 |
| % | 百分比样式 | 数据后显示使用的百分比符号 |

另外,还可以用"数字"选项组中的"数字格式"命令,在下拉列表中选择相应的格式命令,见表 5-2-2。

表 5-2-2 "数字格式"按钮

| 按　钮 | 选　项 | 示　例 |
| --- | --- | --- |
| ABC 123 | 常规 | 无特定格式,如 ABCD |
| 12 | 数字 | 12345.00 |

续表

| 按　钮 | 选　项 | 示　例 |
|---|---|---|
| | 货币 | ￥12,345.00 |
| | 会计专用 | ￥ 12,345.00 |
| | 短日期 | 2010/10/26 |
| | 长日期 | 2011 年 5 月 26 日 |
| | 时间 | 7:24:00 |
| % | 百分比 | 3000.00％ |
| ½ | 分数 | 1/2,2/3,3/5 |
| 10² | 科学计数 | 1.23E＋06 |
| ABC | 文本 | 五一 |

**2.对话框美化数字**

打开"开始"选项卡上的"数字"选项,选择组中的"对话框启动器"按钮,在弹出的"设置单元格格式"对话框中选择"数字"选项卡的"分类"列表框,列出了 Excel 2010 所有的数字格式,选择了所需的格式完成相应的设置。

### 5.2.3　设置格式对齐方式

默认的状态下,单元格中的文本数据左对齐,数字、日期和时间等数据右对齐,而逻辑和错误值居中对齐。数据的对齐方式可以分为水平对齐和垂直对齐两种。为了使工作表更加整齐与美观,需要设置单元格的对齐方式。

**1.选项组对齐方式**

选定要对齐的单元格或单元格区域,打开"开始"选项卡上"对齐方式"选项,选择组中的各种对齐命令按钮即可,见表 5-2-3。

**表　5-2-3　"对齐方式"命令按钮**

| 按　钮 | 命　令 | 功　能 |
|---|---|---|
| | 顶端对齐 | 沿单元格顶端对齐文字 |
| | 垂直居中 | 对齐文本,使其在单元格中上下居中 |
| | 底端对齐 | 沿单元格底端对齐文字 |
| | 文本左对齐 | 将文字左对齐 |
| | 居中 | 将文字居中对齐 |
| | 文本右对齐 | 将文字右对齐 |

**2.对话框对齐方式**

选定要对齐的单元格或单元格区域,打开"开始"选项卡上"对齐方式"选项,选择组中的"对话框启动器"按钮 ,在弹出的"设置单元格格式"对话框中选择"对齐"选项卡,完成相应的设置即可,如图5-2-4所示。

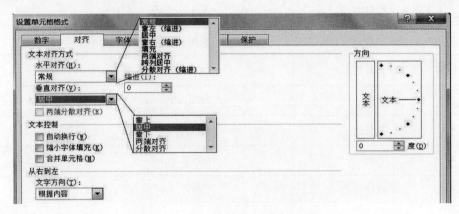

图5-2-4 用对话框设置对齐方式

### 5.2.4 合并单元格

在 Excel 2010 中,可以将跨越几行或几列的相邻单元格,合并为一个大的单元格,默认只把选定区域左上角的数据,放入到合并后的大单元格中。

选定要合并的单元格区域,单击"开始"选项卡上"对齐方式"中的"合并后居中",或单击"合并后居中"旁边的下拉按钮,在下拉列表中选择相应选项即可,如图5-2-5所示。

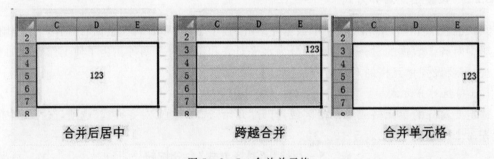

合并后居中          跨越合并          合并单元格

图5-2-5 合并单元格

(1)合并后居中:将单元格区域合并为一个大单元格,并将单元格数据居中显示。

(2)跨越合并:用于横向合并多行单元格区域。

(3)合并单元格:仅合并所选单元格区域,不能使单元格数据居中显示。

(4)取消单元格合并:可以将合并的单元格重新拆分成多个单元格,但是不能拆分没有合并过的单元格。

### 5.2.5 调整行高及列宽

1.使用鼠标设置行高(列宽)

更改某一行的行高(列宽):拖动行标题下边界(列标题的右侧边界),直到达到所需行高

（列宽）。

更改多行的行高（列宽）：选择要更改的行（列），然后拖动所选行标题之一下面的边界（列标题之一的右侧边界）。

更改工作表中所有的行高（列宽）：单击"全选"按钮，然后拖动任意行标题下面的边界（列标题的右侧边界）。

更改行高（列宽）以适合内容：双击行标题下面的边界（列标题的右侧边界）。

2.使用选项组中的命令设置行高（列宽）

选择要设置的行或（列），打开"开始"选项卡上的"单元格"组，单击"格式"按钮，在下拉列表的"单元格大小"中进行如下设置：

行（列）设置为指定高（宽）度：单击"行高"（或"列宽"），在弹出的"行高"（或"列宽"）对话框中，键入所需的值，如图 5-2-6 所示。

更改行高（或列宽）以适合内容：单击"自动调整行高"（或"自动调整列宽"），如图 5-2-7 所示。

图 5-2-6　设置行高

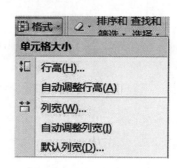

图 5-2-7　自动调整行高

### 5.2.6　美化边框

通过使用边框样式，在单元格或单元格区域快速添加边框。应用的单元格边框会出现在打印的页面上。

选择要添加边框、更改边框样式或删除其边框的单元格或单元格区域，在"开始"选项卡上的"字体"组中，执行下列操作：

单击"边框"旁边的下拉箭头，在下拉列表中单击边框样式按钮，如图 5-2-8 所示。

若应用自定义的边框样式，可以单击"其他边框"，打开"设置单元格格式"对话框的"边框"选项卡，选择"线条"和"颜色"中所需的线条样式和颜色。

在"预置"和"边框"栏中，单击一个或多个按钮指明边框位置，如图 5-2-9 所示。

如果要删除单元格边框，单击"边框"旁边的下拉箭头，单击"无边框"按钮。

1.设置填充色

为了区分工作表中的数据类型，可以利用 Excel 2010 中的填充颜色功能，将工作表的背景色设置为纯色或渐变效果。默认情况下工作表的背景色为无填充颜色。

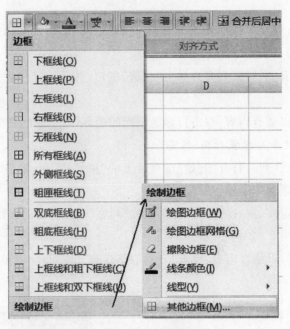

图 5-2-8 设置边框

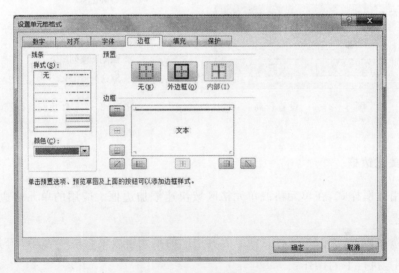

图 5-2-9 "边框"标签页

**2.选项组设置填充色**

选择要添加填充颜色的单元格或单元格区域,打开"开始"选项卡上"字体"选项组,选中"填充颜色",或在"主题颜色"和"标准色"下拉列表中选择相应的颜色,单击"确定"按钮即可,如图5-2-10所示。也可以用"填充颜色"下拉列表中的"其他颜色"命令,在弹出的"颜色"对话框中自定义颜色,如图5-2-11所示。

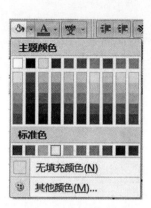

图 5 - 2 - 10　"填充颜色"下拉列表

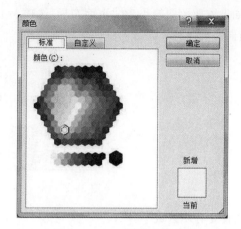

图 5 - 2 - 11　"颜色"对话框

3.对话框设置颜色

选择要添加填充颜色的单元格或单元格区域,打开"开始"选项卡上"字体"选项组,选中"对话框启动器"按钮,在弹出的"设置单元格格式"对话框中选择"填充"选项卡,在"背景色"选项组中选择相应的颜色按钮即可,如图 5 - 2 - 12 所示。

也可以用"填充效果"和"其他颜色"按钮进行填充色的设置。

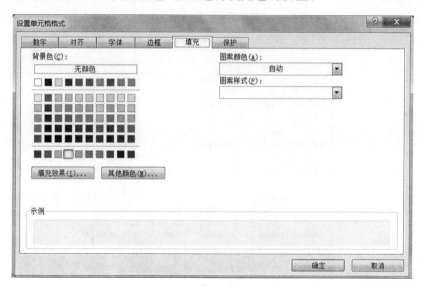

图 5 - 2 - 12　"填充"选项卡

### 5.2.7　设置 Excel 工作表打印格式

1.设置工作表适合打印页面

在状态栏上,单击"页面布局"按钮回,从普通视图切换至页面视图。在"页面布局"选项卡上"调整为合适大小"选项组中的"宽度"框中选择"1 页","高度"框中选择"自动",这时所有列将显示在一页上,在"缩放比例"中自动显示页面缩放的比例,如图 5 - 2 - 13 所示。

如果缩放比例较小,在"页面布局"选项卡上的"页面设置"组中,单击"纸张方向",然后单击"横向",可以将页面方向纵向更改为横向。

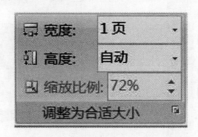

图 5-2-13　自动显示"缩放比例"的值

### 2.设置打印区域

打印区域设置:在工作表上,选择要打印的单元格区域,打开"页面布局"选项卡上的"页面设置"组,单击"打印区域",然后单击"设置打印区域"。

向现有打印区域添加单元格:在工作表上,选择要添加到现有打印区域的单元格,在"页面布局"选项卡上的"页面设置"组中,单击"打印区域",然后单击"添加到打印区域"。

取消打印区域:单击要取消打印区域的工作表上的任意位置,在"页面布局"选项卡上的"页面设置"组中,单击"打印区域",然后单击"取消打印区域"。

### 3.页边距设置

在"页面布局"选项卡上的"页面设置"组中,单击"页边距",在弹出的下拉列表中可以选择预定义页边距按钮"普通""宽"或"窄"之一的设置,如图 5-2-14 所示。

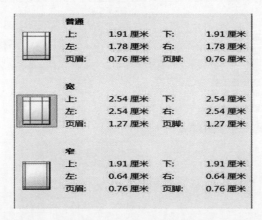

图 5-2-14　预定义的页边距

如果自定义页边距,在"页面布局"选项卡中选择"页面设置"组,单击"页边距",单击"自定义边距",在"上""下""左"和"右"框中输入所需的边距大小,如图 5-2-15 所示。

### 4.设置页眉页脚

可以在"页面布局"视图中设置页眉和页脚,或者使用"页面设置"对话框设置页眉和页脚。如果在"页面布局"视图中设置页眉和页脚,则可以通过返回普通视图来关闭页眉和页脚。

在"页面布局"视图中,单击工作表顶部或底部的左侧、中间或右侧,直接输入相应的内容即可。

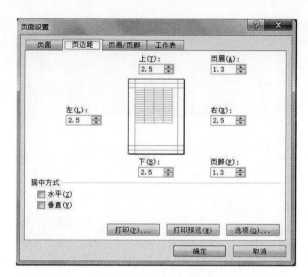

图 5 - 2 - 15　自定义页边距

也可以通过单击"自定义页眉"按钮，在弹出的对话框中设置页眉，如图 5 - 2 - 16 所示。单击"页脚"下拉列表框三角按钮，在打开的下拉列表中选择内置的页脚格式，如图 5 - 2 - 17 所示。

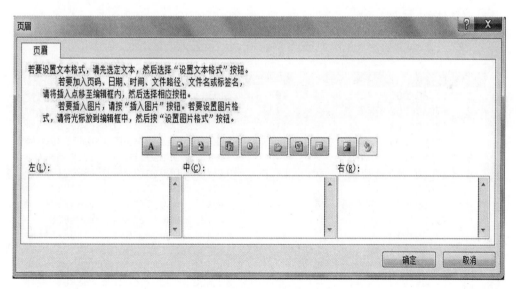

图 5 - 2 - 16　自定义页眉

5.打印预览

在打印前可通过"打印预览"观察打印的效果。在工作表打开状态下，通过"文件"→"打印"菜单命令即可出现预览窗口。如想退出打印预览状态，只需单击"开始"按钮即可。

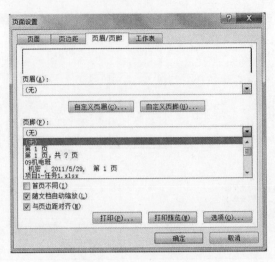

图 5－2－17　设置页脚

## 【任务实践】

本任务主要是对图 5－1－27 所示的学生登记表进行格式的设置、行高和列宽的设置，合并单元格及边框的设置等，效果如图 5－2－18 所示。

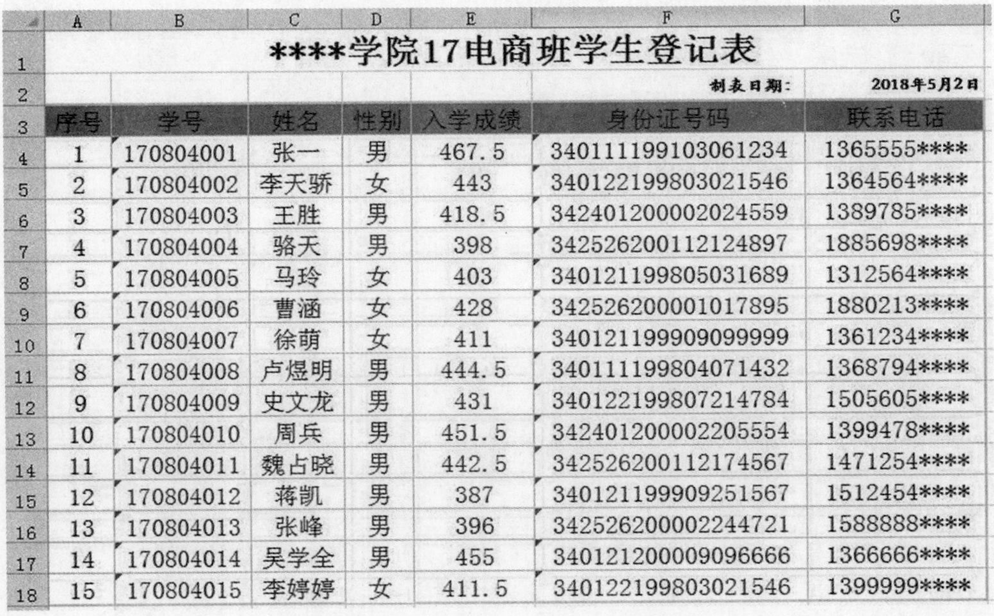

| | A | B | C | D | E | F | G |
|---|---|---|---|---|---|---|---|
| 1 | ****学院17电商班学生登记表 | | | | | | |
| 2 | | | | | | 制表日期: | 2018年5月2日 |
| 3 | 序号 | 学号 | 姓名 | 性别 | 入学成绩 | 身份证号码 | 联系电话 |
| 4 | 1 | 170804001 | 张一 | 男 | 467.5 | 340111199103061234 | 1365555**** |
| 5 | 2 | 170804002 | 李天骄 | 女 | 443 | 340122199803021546 | 1364564**** |
| 6 | 3 | 170804003 | 王胜 | 男 | 418.5 | 342401200002024559 | 1389785**** |
| 7 | 4 | 170804004 | 骆天 | 男 | 398 | 342526200112124897 | 1885698**** |
| 8 | 5 | 170804005 | 马玲 | 女 | 403 | 340121199805031689 | 1312564**** |
| 9 | 6 | 170804006 | 曹涵 | 女 | 428 | 342526200001017895 | 1880213**** |
| 10 | 7 | 170804007 | 徐萌 | 女 | 411 | 340121199909099999 | 1361234**** |
| 11 | 8 | 170804008 | 卢煜明 | 男 | 444.5 | 340111199804071432 | 1368794**** |
| 12 | 9 | 170804009 | 史文龙 | 男 | 431 | 340122199807214784 | 1505605**** |
| 13 | 10 | 170804010 | 周兵 | 男 | 451.5 | 342401200002205554 | 1399478**** |
| 14 | 11 | 170804011 | 魏占晓 | 男 | 442.5 | 342526200112174567 | 1471254**** |
| 15 | 12 | 170804012 | 蒋凯 | 男 | 387 | 340121199909251567 | 1512454**** |
| 16 | 13 | 170804013 | 张峰 | 男 | 396 | 342526200002244721 | 1588888**** |
| 17 | 14 | 170804014 | 吴学全 | 男 | 455 | 340121200009096666 | 1366666**** |
| 18 | 15 | 170804015 | 李婷婷 | 女 | 411.5 | 340122199803021546 | 1399999**** |

图 5－2－18　美化后的学生登记表

# 5.3　使用公式与函数计算

## 【生活话题】

快到期末了，需要做一张电子表格统计你们的考试成绩，大家发挥一下聪明才智说说该怎么做。

（老师）

（小明）

电子表格？这是什么呀？我不会哦！

我以前在初中学了点，是用Excel做的表格，可以做出很多样式哦！

（小惠）

（小梅）

电子表格是用电脑做的表格，对吧，老师？

老师，期末成绩的电子表格一般需要注意哪些方面呢？怎么样快速、准确的分析相关数据呢？

（小花）

大家都认真的考虑了老师提出问题，接下来我们将分析怎么样去做期末成绩电子表格，要认真听哦！

（老师）

## 【话题分析】

Excel 2010 不仅可以创建和美化表格，而且还可以应用公式和函数，对数据表中的数据进行计算。即使单元格中的数据发生更新，更新后不会影响到公式和函数的设置，结果会自动更新。为让学生更加直观地看到自己的成绩，让老师更加方便地比较学生的成绩，利用电子表格中的函数等对学生成绩进行统计、比较等。

## 【知识介绍】

### 5.3.1 使用公式计算工作表中的数据

1.创建计算列

在 Excel 表格中创建一个计算列。只需将公式输入一次,而无须使用"填充"或"复制"命令。方法如下:

单击要转换为计算列的空表格列中的一个单元格,键入要使用的公式或函数。

键入的公式或函数将自动填充至该列的所有单元格中。

2.创建公式

分析和处理 Excel 工作表中的数据离不开公式和函数。

公式是函数的基础,它是单元格中的一系列值、单元格引用、名称或运算符的组合,利用其可以生成新的值。Excel 规定公式必须用等号"="开头,然后才是进行运算的数据、运算符、函数、单元格地址等。

通常情况下,Excel 2010 将公式计算的结果存放在公式所在的单元格中,而公式则显示在公式所在单元格相应的编辑栏中。

图 5-3-1 所示是一个简单的学生成绩表,要求计算出相应学生的总分。

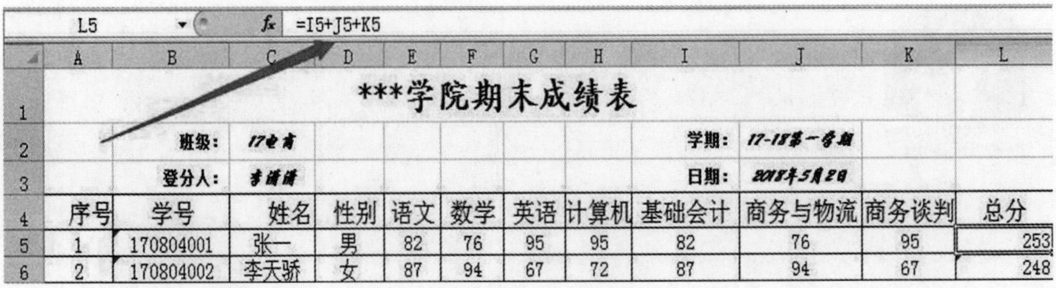

图 5-3-1 学生成绩表

具体方法为:

方法一:选定"L5"单元格,在编辑栏或单元格中直接输入公式"=I5+J5+K5",然后按回车键或编辑栏中的输入按钮☑。即会显示计算结果。

方法二:在"L5"单元格中输入"="后,单击要参与计算的单元格"I5",再输入"+"号,接着单击"J5"单元格并输入"+"号,最后再单击单元格"K5",完成后按回车键或单击编辑栏上的输入按钮☑即可。

3.运算符的类型及优先级

Excel 2010 中包含 4 种类型的运算符:算术运算符、比较运算符、文本运算符、引用运算符。

如果公式中同时用到多个运算符,Excel 2010 将会依照运算符的优先级来依次完成运算。运算符优先级见表 5-3-1(从上到下依次降低)。

表 5 - 3 - 1　运算符优先级

| 运　算　符 | 说　明 |
|---|---|
| :(冒号)（单个空格）,(逗号) | 引用运算符 |
| - | 负号 |
| % | 百分比 |
| ^ | 乘幂 |
| *和/ | 乘和除 |
| ＋和 - | 加和减 |
| & | 连接两个文本字符串 |
| = ＜ ＞ ＜= ＞= ＜＞ | 比较运算符 |

4.引用运算符

引用运算是 Excel 特有的运算，它有三个符号，分别是冒号(:)、逗号(,)和空格，其功能是产生一个引用。

冒号(:)：称为两端引用，表示引用的是冒号前后两端单元格所围起的矩形区域。

逗号(,)：称为同时引用，表示同时引用逗号前后的两个单元格或两个单元格区域。

空格：称为重叠引用，表示引用的是空格前后单元格区域的重叠部分。

5.引用单元格

引用单元格地址是为了在公式中获得单元格中的数值，在 Excel 中使用函数进行计算时，通常需要引用单元格的地址。单元格地址的引用方式有相对引用、绝对引用和混合引用三类。

(1)相对引用。相对引用指引用相对于结果所在单元格的地址。在复制公式时，地址会随着结果所在单元格地址的变化而改变，如图 5 - 3 - 2 所示。

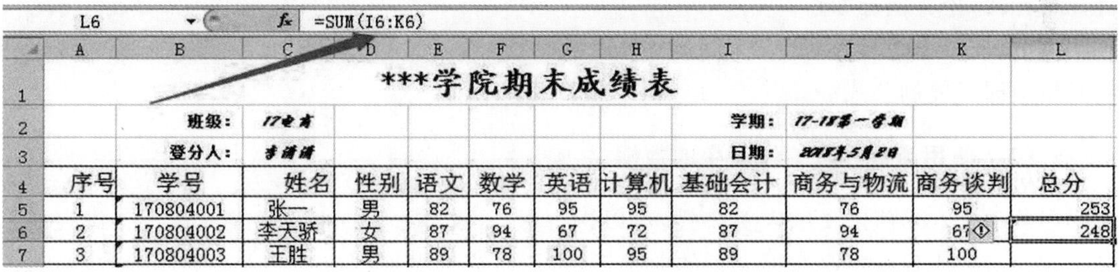

图 5 - 3 - 2　相对引用示例

(2)绝对引用。绝对引用表示引用单元格的地址与引用公式所在的结果无关，它不会随着结果所在单元格地址的变化而改变。

绝对引用的特征是在引用单元格地址的行号和列标前有一个"＄"符号，例如"SUM(＄I＄6:＄K＄6)"即表示引用的是"I6:K6"这个单元格区域。

(3)混合引用。混合引用是指既有相对引用又有绝对引用的引用。当＄在列标前时，表示列为绝对引用，行位置则是相对的；当＄在行号前时，表示行为绝对引用，而列位置则是相对的。

例如，在图 5-3-3 所示的工作表中，单元格"B4"中引用的"B3"为绝对引用，而"B2"则为相对引用，结果如图 5-3-4 所示。

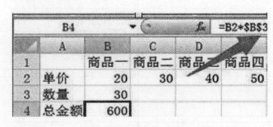

图 5-3-3　混合引用

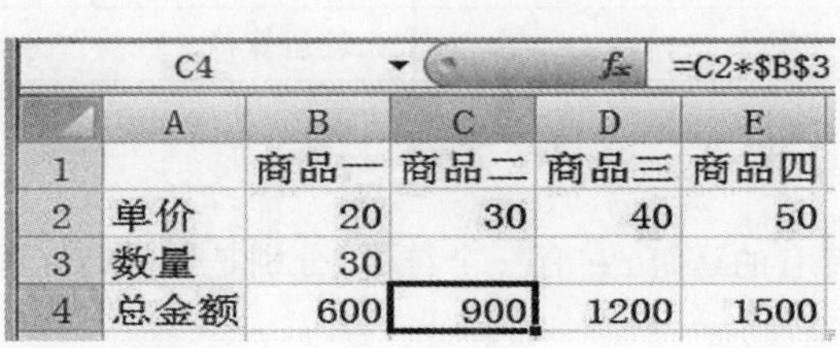

图 5-3-4　混合引用结果

### 6.复制公式

在复制公式时，公式会调整，即公式中的引用会随目标单元格与原单元格相对位置的变化而变化。例如，如果从单元格"C1"中把公式"＝A1＋B1"复制到单元格"C2"，则公式进行调整，变成"＝A2＋B2"，这正是相对引用的应用。

可以使用"复制"和"粘贴"按钮复制公式，此外还可以用以下两种方法。

方法一：单击想要复制公式的单元格，按住 Ctrl 键并把单元格的边框拖到想复制公式的目标单元格，松开鼠标即可。

方法二：单击想要复制公式的单元格，把鼠标指针移到填充手柄上，拖动填充手柄到目标单元格上即可复制公式。

### 5.3.2　使用函数计算工作表中的数据

函数是 Excel 预定义的内置公式，可以进行数学、文本、逻辑的运算或者查找工作表的信息。利用函数不仅能提高数据处理的效率，还可以减少数据处理中一些人为原因导致的错误。在 Excel 中内置大量的函数，以便用户使用。

#### 1.函数的语法结构

Excel 中函数最常见的结构以函数名称开始，后面紧跟一对小括号，在括号内部是以逗号为分隔符的参数。函数的一般格式如下：

＜函数名＞(＜参数 1＞,＜参数 2＞,……)

例如：SUM(number1,number2,…)，其中 SUM 是函数名，number1,number2 是函数的参数，省略号表示可以有多个参数。

#### 2.函数的输入

函数的输入有以下两种方法：

（1）手动在单元格中直接输入，仅限于对简单函数公式的输入。

（2）利用函数向导输入，即单击编辑栏中的函数按钮 *fx*，打开"插入函数"对话框。在对话框的"或选择类别"下拉列表中选择函数类别以及选择具体函数名称。在对话框下方，会出现相关函数功能的简要说明文字，如图 5-3-5 所示。使用弹出"函数参数"对话框，在其中设置参数，单击"确定"按钮完成函数编辑。

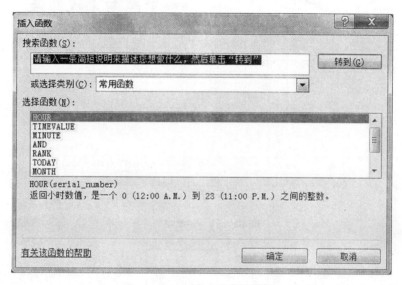

图 5-3-5　"插入函数"对话框

### 3.使用常用函数

（1）SUM 函数。函数 SUM 的功能是用于返回某一单元格区域中所有数字之和。其调用格式如下：

SUM（number1，number2，…）

"number1，number2，… "为 1～30 个需要求和的参数。键入到参数表中数字、逻辑值及数字表达式将被计算。如公式"＝SUM("3",2,TRUE)"，表示将 3,2 和 1 相加，其中文本值"3"被转换为数字 3，逻辑值 TRUE 被转换成数字 1（FALSE 转换成数字 0）。

（2）AVERAGE 函数。函数 AVERAGE 的功能是用于返回参数的算术平均值。其调用格式如下：

AVERAGE（number1，number2，…）

参数"number1，number2，… "为需要计算算术平均值的 1～30 个参数。参数可以是数字或者是包含数字的名称、数组或引用。

例：在图 5-3-6 所示的工作表中，计算三门课程的平均分，并将结果存放在 I 列中。

（3）COUNT 函数。函数 COUNT 用于统计包含数字以及包含数字单元格个数。利用函数 COUNT 计算单元格区域或数字数组中数字输入项个数。其调用格式如下：

COUNT（value1，value2，…）

"value1，value2，… "为包含或引用各种类型数据的 1～30 个参数，但只有数字类型的数据才被计算。函数 COUNT 在计数时,将把数字、日期代表的数字计算在内,错误值或其他文字将被忽略。如在图 5-3-7 所示的工作表中,计算参加考试的人数,并将结果存放在单元格 C4 中。

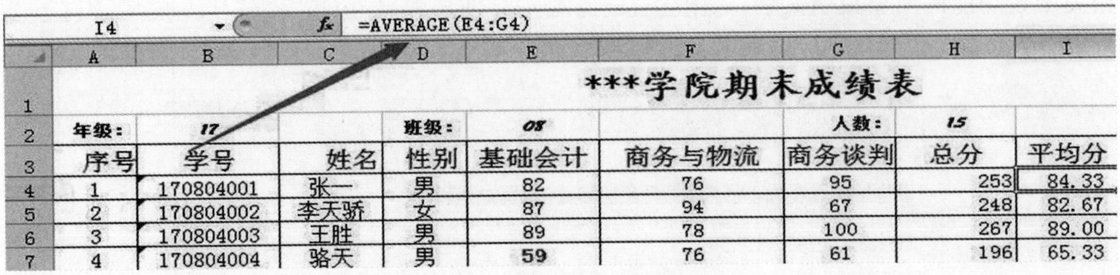

图 5-3-6　AVERAGE 函数用法示例

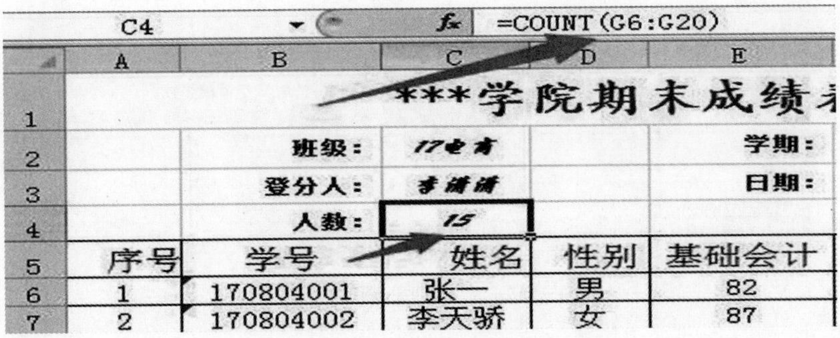

图 5-3-7　COUNT 函数用法示例

(4)MAX 函数。函数 MAX 的功能是返回一组值中的最大值。其调用格式如下:

MAX(number1,number2,…)

"number1,number2,…"为要查找最大值的 1～30 个原数据参数。参数可以包括数字、空白单元格、逻辑值或数字的文本表达式,但不能为错误值或不能转换成数字的文本。在图 5-3-8 所示工作表中,计算每门课程的最高分,并将结果存放在单元格 E19,F19,G19 中。

(5)MIN 函数。函数 MIN 的功能是返回一组值中的最小值。其调用格式如下:

MIN(number1,number2,…)

"number1,number2,…"为要查找最小值的 1～30 个数据参数。参数可以包括数字、空白单元格、逻辑值或数字表达式,但不能为错误值或不能转换成数字文本。

在图 5-3-9 所示工作表中,计算每门课程的最高分,并将结果存放在单元格 E20,F20,G20 中。

(6)NOW 函数。函数 NOW 的功能是返回系统当前日期和时间。其调用格式如下:
NOW(),如图 5-3-10 所示。

| E19 | | ▼ | fx | =MAX(E4:E18) | | |
|---|---|---|---|---|---|---|

| | A | B | C | D | E | F | G |
|---|---|---|---|---|---|---|---|
| 1 | | | | | | ***学院期末成绩表 | |
| 2 | 年级： | 17 | | 班级： | 08 | | 人数： |
| 3 | 序号 | 学号 | 姓名 | 性别 | 基础会计 | 商务与物流 | 商务谈判 |
| 4 | 1 | 170804001 | 张一 | 男 | 82 | 76 | 95 |
| 5 | 2 | 170804002 | 李天骄 | 女 | 87 | 94 | 67 |
| 6 | 3 | 170804003 | 王胜 | 男 | 89 | 78 | 100 |
| 7 | 4 | 170804004 | 骆天 | 男 | 59 | 76 | 61 |
| 8 | 5 | 170804005 | 马玲 | 女 | 74 | 86 | 51 |
| 9 | 6 | 170804006 | 曹涵 | 女 | 100 | 54 | 69 |
| 10 | 7 | 170804007 | 徐萌 | 女 | 64 | 72 | 85 |
| 11 | 8 | 170804008 | 卢煜明 | 男 | 70 | 87 | 81 |
| 12 | 9 | 170804009 | 史文龙 | 男 | 95 | 62 | 60 |
| 13 | 10 | 170804010 | 周兵 | 男 | 55 | 86 | 51 |
| 14 | 11 | 170804011 | 魏占晓 | 男 | 74 | 86 | 51 |
| 15 | 12 | 170804012 | 蒋凯 | 男 | 100 | 54 | 69 |
| 16 | 13 | 170804013 | 张峰 | 男 | 64 | 72 | 85 |
| 17 | 14 | 170804014 | 吴学全 | 男 | 70 | 87 | 81 |
| 18 | 15 | 170804015 | 李婷婷 | 女 | 95 | 62 | 60 |
| 19 | | | | 最高分： | 100 | 94 | 100 |

图 5-3-8　MAX 函数用法示例

| E20 | | ▼ | fx | =MIN(E4:E18) | | |
|---|---|---|---|---|---|---|

| | A | B | C | D | E | F | G |
|---|---|---|---|---|---|---|---|
| 1 | | | | | | ***学院期末成绩表 | |
| 2 | 年级： | 17 | | 班级： | 08 | | 人数： |
| 3 | 序号 | 学号 | 姓名 | 性别 | 基础会计 | 商务与物流 | 商务谈判 |
| 4 | 1 | 170804001 | 张一 | 男 | 82 | 76 | 95 |
| 5 | 2 | 170804002 | 李天骄 | 女 | 87 | 94 | 67 |
| 6 | 3 | 170804003 | 王胜 | 男 | 89 | 78 | 100 |
| 7 | 4 | 170804004 | 骆天 | 男 | 59 | 76 | 61 |
| 8 | 5 | 170804005 | 马玲 | 女 | 74 | 86 | 51 |
| 9 | 6 | 170804006 | 曹涵 | 女 | 100 | 54 | 69 |
| 10 | 7 | 170804007 | 徐萌 | 女 | 64 | 72 | 85 |
| 11 | 8 | 170804008 | 卢煜明 | 男 | 70 | 87 | 81 |
| 12 | 9 | 170804009 | 史文龙 | 男 | 95 | 62 | 60 |
| 13 | 10 | 170804010 | 周兵 | 男 | 55 | 86 | 51 |
| 14 | 11 | 170804011 | 魏占晓 | 男 | 74 | 86 | 51 |
| 15 | 12 | 170804012 | 蒋凯 | 男 | 100 | 54 | 69 |
| 16 | 13 | 170804013 | 张峰 | 男 | 64 | 72 | 85 |
| 17 | 14 | 170804014 | 吴学全 | 男 | 70 | 87 | 81 |
| 18 | 15 | 170804015 | 李婷婷 | 女 | 95 | 62 | 60 |
| 19 | | | | 最高分： | 100 | 94 | 100 |
| 20 | | | | 最低分： | 55 | 54 | 51 |

图 5-3-9　MIN 函数用法示例

***学院期末成绩表

| 班级： | 17电商 | 学期： | 17-18第一学期 |
|---|---|---|---|
| 登分人： | 李潇潇 | 日期： | 2018/5/2 18:40 |
| 人数： | 15 | | |

图 5-3-10　NOW 函数用法示例

(7)IF 函数。函数 IF 的功能是判断条件表达式的值,根据表达式值的真假,返回不同结果。其调用格式如下:

IF(logical_test,value_if_true,value_if _false)

其中"logical_test"为判断条件,是一个逻辑值或具有逻辑值的表达式;"value_if_true"为数值,表示如果"logical_test"判断条件的值为真(TRUE),则函数值为"value_if_true"数值。"value_if _false"也是数值,表示如果"logical_test"判断条件的值为假(FALSE),则函数值为"value if false"数值。

如已知单元格 B2 中存放考试分数,现要根据该分数判断学生是否及格,可采用函数:

＝IF(B2＜60,"不及格","及格")

一个 IF 函数可以实现"二选一"的运算,若要在更多的情况中选择一种,则需要进行嵌套来完成。

如在图 5－3－11 所示的工作表中,将平均分置换为等级,并将结果存放在 J 列中。

图 5－3－11　IF 函数用法示例

(8)RANK 函数。函数 RANK 返回一个数字在数字列表中的排位。数字排位是其大小与列表中其他值的比值。其调用格式如下:

RANK( Number,Ref,Order)

其中:

Number:需要找到排位的数字。

Ref:数字列表数组或对数字列表的引用,Ref 中的非数值型参数将被忽略。

Order:为一个数字,指明排位的方式。

如果 Order 为 0(零)或省略,对数字的排位是基于 Ref 为按照降序排列的列表。如果 Order 不为零,对数字的排位是基于 Ref 为按照升序排列的列表。

如在图 5－3－12 所示的工作表中,将总分置换为排名,并将结果存放在 K 列中。

| K6 | ▼ | $f_x$ =RANK(I6,$I$6:$I$20) |

**\*\*学院期末成绩表**

| | 班级: | 17电商 | | 学期: | 17-18第一学期 |
| | 登分人: | 李涓涓 | | 日期: | 2018月5月21日.49 |
| | 人数: | 15 | | | |

| 序号 | 学号 | 姓名 | 性别 | 基础会计 | 商务与物流 | 商务谈判 | 总分 | 平均分 | 等级 | 排名 |
|------|------|------|------|----------|------------|----------|------|--------|------|------|
| 1 | 170804001 | 张一 | 男 | 82 | 76 | 95 | 253 | 84.33333 | 良好 | 2 |
| 2 | 170804002 | 李天骄 | 女 | 87 | 94 | 67 | 248 | 82.66667 | 良好 | 3 |
| 3 | 170804003 | 王胜 | 男 | 89 | 78 | 100 | 267 | 89 | 良好 | 1 |
| 4 | 170804004 | 骆天 | 男 | 59 | 76 | 61 | 196 | 65.33333 | 及格 | 14 |
| 5 | 170804005 | 马玲 | 女 | 74 | 86 | 51 | 211 | 70.33333 | 中 | 12 |
| 6 | 170804006 | 曹涵 | 女 | 100 | 54 | 69 | 223 | 74.33333 | 中 | 6 |
| 7 | 170804007 | 徐萌 | 女 | 64 | 72 | 85 | 221 | 73.66667 | 中 | 8 |
| 8 | 170804008 | 卢煜明 | 男 | 70 | 87 | 81 | 238 | 79.33333 | 中 | 4 |
| 9 | 170804009 | 史文龙 | 男 | 95 | 62 | 60 | 217 | 72.33333 | 中 | 10 |
| 10 | 170804010 | 周兵 | 男 | 55 | 86 | 51 | 192 | 64 | 及格 | 15 |
| 11 | 170804011 | 魏占晓 | 男 | 74 | 86 | 51 | 211 | 70.33333 | 中 | 12 |
| 12 | 170804012 | 蒋凯 | 男 | 100 | 54 | 69 | 223 | 74.33333 | 中 | 6 |
| 13 | 170804013 | 张峰 | 男 | 64 | 72 | 85 | 221 | 73.66667 | 中 | 8 |
| 14 | 170804014 | 吴学全 | 男 | 70 | 87 | 81 | 238 | 79.33333 | 中 | 4 |
| 15 | 170804015 | 李婷婷 | 女 | 95 | 62 | 60 | 217 | 72.33333 | 中 | 10 |

图 5-3-12 RANK 函数用法示例

(9)其他常用函数。其他常用函数见表 5-3-2。

**表 5-3-2 其他常用函数**

| 函 数 | 功 能 | 应用举例 | 结 果 |
|-------|-------|----------|-------|
| INT(number) | 返回参数 number 向下舍入后的整数值 | ＝INT(6.3)<br>＝INT(－3.8) | 6<br>－4 |
| MOD(number, divisor) | 返回 number/divisor 的余数 | ＝MOD(9,2) | 1 |
| RAND( ) | 产生一个 0~1 区间随机数 | ＝RAND() | 随机数 |
| ROUND(number,n) | 按指定位数四舍五入 | ＝ROUND(65.4786,2) | 65.48 |
| COUNTA(value,value2,…) | 返回非空白单元的个数 | | |
| COUNTIF(range, criterion) | 返回区域 range 中符合条件 criterion 的个数 | | |
| LEFT(text ,n) | 取 text 左边 n 个字符 | ＝LEFT("ABCDEFG",2) | AB |
| LEN(text) | 求 text 的字符个数 | ＝LEN("ABCDEFG") | 7 |
| MID(text,n,p) | 从 text 中第 n 个字符开始连续取 p 个字符 | ＝MID("ABCDEFG",2,1) | B |
| RIGHT(text,n) | 取 text 右边 n 个字符 | ＝RIGHT("ABCDEFG",2) | FG |
| DATE(year,month,day) | 生成日期 | ＝DATE(97,10,31) | 1997－10－31 |
| DAY(date) | 取日期的天数 | ＝DAY(DATE(97,10,31)) | 31 |

续表

| 函　数 | 功　能 | 应用举例 | 结　果 |
|---|---|---|---|
| MONTH(date) | 取日期的月份 | ＝MONTH(DATE(97,10,31)) | 10 |
| TIME(hour,minute,second) | 返回代表指定时间序列数 | ＝TIME(15,28,48) | 3:28PM |
| TODAY( ) | 取系统日期 | ＝TODAY() | 2008－5－21 |
| YEAR(date) | 取日期的年份 | ＝YEAR(DATE(97,10,31)) | 1997 |

## 【任务实践】

1.任务目标及效果

本项目主要是根据成绩表对学生的成绩进行分析和统计,包括总分、平均分、最高分的计算,等级的划分、名次的排定、人数的统计等,如图 5-3-13 所示。

| | A | B | C | D | E | F | G | H | I | J | K | L |
|---|---|---|---|---|---|---|---|---|---|---|---|---|
| 1 | | | | | | \*\*\*学院期末成绩表 | | | | | | |
| 2 | 年级: | 17 | | 班级: | 08 | | | 人数: | 15 | | 不及格人数: | 1 |
| 3 | 序号 | 学号 | 姓名 | 性别 | 基础会计 | 商务与物流 | 商务谈判 | 总分 | 平均分 | 等级 | 排名 | 三好学生 |
| 4 | 1 | 170804001 | 张一 | 男 | 82 | 76 | 95 | 253 | 84.33 | 良好 | 2 | 三好学生 |
| 5 | 2 | 170804002 | 李天骄 | 女 | 87 | 94 | 67 | 248 | 82.67 | 良好 | 3 | 三好学生 |
| 6 | 3 | 170804003 | 王胜 | 男 | 89 | 78 | 100 | 267 | 89.00 | 良好 | 1 | 三好学生 |
| 7 | 4 | 170804004 | 骆天 | 男 | 59 | 76 | 61 | 196 | 65.33 | 及格 | 14 | 否 |
| 8 | 5 | 170804005 | 马玲 | 女 | 74 | 86 | 51 | 211 | 70.33 | 中 | 12 | 否 |
| 9 | 6 | 170804006 | 曹涵 | 女 | 100 | 54 | 69 | 223 | 74.33 | 中 | 6 | 否 |
| 10 | 7 | 170804007 | 徐萌 | 女 | 64 | 72 | 85 | 221 | 73.67 | 中 | 8 | 否 |
| 11 | 8 | 170804008 | 卢煜明 | 男 | 70 | 87 | 81 | 238 | 79.33 | 中 | 4 | 否 |
| 12 | 9 | 170804009 | 史文龙 | 男 | 95 | 62 | 60 | 217 | 72.33 | 中 | 10 | 否 |
| 13 | 10 | 170804010 | 周兵 | 男 | 55 | 86 | 51 | 192 | 64.00 | 及格 | 15 | 否 |
| 14 | 11 | 170804011 | 魏占晓 | 男 | 74 | 86 | 51 | 211 | 70.33 | 中 | 12 | 否 |
| 15 | 12 | 170804012 | 蒋凯 | 男 | 100 | 54 | 69 | 223 | 74.33 | 中 | 6 | 否 |
| 16 | 13 | 170804013 | 张峰 | 男 | 64 | 72 | 85 | 221 | 73.67 | 中 | 8 | 否 |
| 17 | 14 | 170804014 | 吴学全 | 男 | 70 | 87 | 81 | 238 | 79.33 | 中 | 4 | 否 |
| 18 | 15 | 170804015 | 李婷婷 | 女 | 95 | 62 | 60 | 217 | 72.33 | 中 | 10 | 否 |
| 19 | | | | 最高分: | 100 | 94 | 100 | | | | | |
| 20 | | | | 最低分: | 55 | 54 | 51 | | | | | |

图 5-3-13　成绩统计表

2.任务分析

(1)公式的输入。

(2)公式的复制。

(3)函数的插入与输入。

(4)函数的应用。

3.任务目标

(1)掌握 Excel 2010 工作表的移动和复制。

（2）掌握 Excel 2010 单元格的引用。

（3）掌握公式的应用及公式的复制。

（4）掌握函数的输入及常用函数的应用。

4.实施过程

通过对以上相关知识点的学习,用以下步骤来逐步实施对学生成绩表中的数据进行统计。

（1）建立"17 电商成绩"工作表的副本。打开 5－3－1"学生成绩表",在"学生成绩表"工作表的表标签上右击,在弹出的快捷菜单中选择"移动或复制工作表",在出现的对话框中按照如图 5－3－14 所示进行设置。关闭"学生成绩表"工作簿。

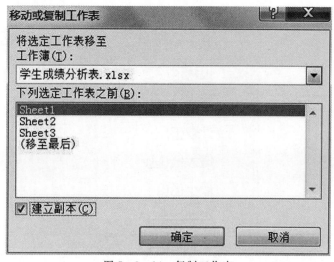

图 5－3－14　复制工作表

（2）修改标题和工作表名。删除"学生成绩表"中语文、数学、英语、计算机、总分这五列,将工作表名称"17 电商成绩"改为"成绩统计"。

（3）利用公式求总分。在单元格 H3 中输入"总分",在单元格 H4 中输入公式"＝E4＋F4＋G5"后按"Enter"键。如图 5－3－15 所示。

| 序号 | 学号 | 姓名 | 性别 | 基础会计 | 商务与物流 | 商务谈判 | 总分 |
|---|---|---|---|---|---|---|---|
| 1 | 170804001 | 张一 | 男 | 82 | 76 | 95 | =E4+F4+G4 |
| 2 | 170804002 | 李天骄 | 女 | 87 | 94 | 67 | |
| 3 | 170804003 | 王胜 | 男 | 89 | 78 | 100 | |
| 4 | 170804004 | 骆天 | 男 | 59 | 76 | 61 | |
| 5 | 170804005 | 马玲 | 女 | 74 | 80 | 51 | |
| 6 | 170804006 | 曹涵 | 女 | 100 | 54 | 69 | |
| 7 | 170804007 | 徐萌 | 女 | 64 | 72 | 85 | |
| 8 | 170804008 | 卢煜明 | 男 | 70 | 87 | 81 | |
| 9 | 170804009 | 史文龙 | 男 | 95 | 62 | 60 | |
| 10 | 170804010 | 周兵 | 男 | 55 | 86 | 51 | |
| 11 | 170804011 | 魏占晓 | 男 | 74 | 86 | 51 | |
| 12 | 170804012 | 蒋凯 | 男 | 100 | 54 | 69 | |
| 13 | 170804013 | 张峰 | 男 | 64 | 72 | 85 | |
| 14 | 170804014 | 吴学全 | 男 | 70 | 87 | 81 | |
| 15 | 170804015 | 李婷婷 | 女 | 95 | 62 | 60 | |

图 5－3－15　利用公式求总分

现在我们介绍另外一种求和方式,我们仍然在单元格 H4 中操作。

(4)利用自动求和求总分。选中单元格 H4,单击"开始"选项卡上"编辑"选项组中的"自动求和"按钮,鼠标拖选单元格区域 E4:G4 选择求和的单元格,单击编辑器的"输入"按钮。

(5)计算平均分并设定小数位数。在单元格 I3 中输入"平均分",选中单元格 I4,在"开始"选项卡中选择"编辑"选项组中的"自动求和"旁边的下拉按钮,在下拉列表中选择"平均值",如图 5-3-16 所示,鼠标拖选单元格区域 E4:G4,单击编辑器的"输入"按钮。选择 I 列,在"开始"选项卡中选择"数字"选项组中的"对话框启动器" ,在弹出的"设置单元格格式"对话框中选择"分类"中的"数值",在"小数位数"旁边的文本框中输入"2",如图 5-3-17 所示,单击"确定"按钮。

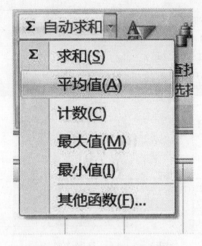

图 5-3-16　选择"平均值"

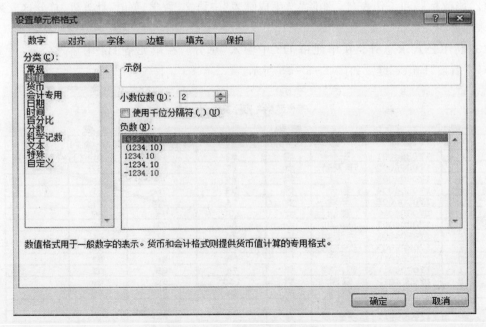

图 5-3-17　设置小数点位数

(6)求每科的最低分和最高分。分别在单元格 D20 和单元格 D21 输入"最高分:""最低分:"。

选中单元格 D20,在"开始"选项卡中选择"编辑"选项组中的"自动求和"旁边的下拉按钮,在下拉列表中选择"最大值",鼠标拖选单元格区域 E4:E18,单击编辑器的"输入"按钮。

选中单元格 D21,在"开始"选项卡中选择"编辑"选项组中的"自动求和"旁边的下拉按钮,在下拉列表中选择"最小值",鼠标拖选单元格区域 E4:E18,单击编辑器的"输入"按钮。

选中单元格区域 D20:D21,鼠标拖动"填充柄"到 G21,对"最大值""最小值"公式进行复制,如图 5-3-18 所示。

| | A | B | C | D | E | F | G | H | I |
|---|---|---|---|---|---|---|---|---|---|
| 1 | | | | | ***学院期末成绩表 | | | | |
| 2 | 年级: | 17 | | 班级: | 08 | | 人数: | 15 | |
| 3 | 序号 | 学号 | 姓名 | 性别 | 基础会计 | 商务与物流 | 商务谈判 | 总分 | 平均分 |
| 4 | 1 | 170804001 | 张一 | 男 | 82 | 76 | 95 | 253 | 84.33 |
| 5 | 2 | 170804002 | 李天骄 | 女 | 87 | 94 | 67 | 248 | 82.67 |
| 6 | 3 | 170804003 | 王胜 | 男 | 89 | 78 | 100 | 267 | 89.00 |
| 7 | 4 | 170804004 | 骆天 | 男 | 59 | 76 | 61 | 196 | 65.33 |
| 8 | 5 | 170804005 | 马玲 | 女 | 74 | 86 | 51 | 211 | 70.33 |
| 9 | 6 | 170804006 | 曹涵 | 女 | 100 | 54 | 69 | 223 | 74.33 |
| 10 | 7 | 170804007 | 徐萌 | 女 | 64 | 72 | 85 | 221 | 73.67 |
| 11 | 8 | 170804008 | 卢煜明 | 男 | 70 | 87 | 81 | 238 | 79.33 |
| 12 | 9 | 170804009 | 史文龙 | 男 | 95 | 62 | 60 | 217 | 72.33 |
| 13 | 10 | 170804010 | 周兵 | 男 | 55 | 86 | 51 | 192 | 64.00 |
| 14 | 11 | 170804011 | 魏占晓 | 男 | 74 | 86 | 51 | 211 | 70.33 |
| 15 | 12 | 170804012 | 蒋凯 | 男 | 100 | 54 | 69 | 223 | 74.33 |
| 16 | 13 | 170804013 | 张峰 | 男 | 64 | 72 | 85 | 221 | 73.67 |
| 17 | 14 | 170804014 | 吴学全 | 男 | 70 | 87 | 81 | 238 | 79.33 |
| 18 | 15 | 170804015 | 李婷婷 | 女 | 95 | 62 | 60 | 217 | 72.33 |
| 19 | | | | | | | | | |
| 20 | | | | 最高分: | 100 | 94 | 100 | | |
| 21 | | | | 最低分: | 55 | 54 | 51 | | |

图 5-3-18 计算最高分和最低分

(7)统计三好学生名单。在单元格 L3 中输入"三好学生",选中单元格 L4,单击编辑栏上的"插入函数"按钮 $f_x$,在弹出的"插入函数"对话框的"选择函数"的列表框中选"IF"函数,单击"确定"按钮,在弹出的"函数参数"对话框的第一个文本框输入"I4>=80"或单击单元格"I4"后输入">=80",在第二个文本框中输入"三好学生",在第三个文本框中输入"否",如图 5-3-19 所示,单击"确定"按钮。

(8)划分成绩等级。在单元格 J3 中输入"等级",选中单元格 J4,单击编辑栏上的"插入函数"按钮 $f_x$,在弹出的"插入函数"对话框的"选择函数"列表框中选"IF"函数,单击"确定"按钮,在弹出的"函数参数"对话框的第一个文本框中输入"I4>=90",在第二个文本框中输入"优",选择第三个文本框,单击名称框的"if",在弹出的"函数参数"对话框的第一个文本框中输入"I4>=80",在第二个文本框中输入"良好",选择第三个文本框,再次单击名称框的"if",

又重新弹出"函数参数"对话框,同样在第一个文本框中输入"I4>=70",在第二个文本框中输入"中",在新弹出的"函数参数"对话框的第一个文本框中输入"I4>=60",在第二个文本框中输入"及格",在第三个文本框中输入"不及格",单击"确定"按钮结果如图 5-3-20 所示。

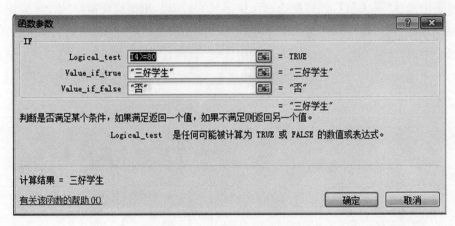

图 5-3-19  统计三好学生名单

| | A | B | C | D | E | F | G | H | I | J |
|---|---|---|---|---|---|---|---|---|---|---|
| | | | | | | \*\*\*学院期末成绩表 | | | | |
| 1 | | | | | | | | | | |
| 2 | 年级: | 17 | | 班级: | 08 | | 人数: | 15 | | 不及格人数: |
| 3 | 序号 | 学号 | 姓名 | 性别 | 基础会计 | 商务与物流 | 商务谈判 | 总分 | 平均分 | 等级 |
| 4 | 1 | 170804001 | 张一 | 男 | 82 | 76 | 95 | 253 | 84.33 | 良好 |
| 5 | 2 | 170804002 | 李天骄 | 女 | 87 | 94 | 67 | 248 | 82.67 | 良好 |
| 6 | 3 | 170804003 | 王胜 | 男 | 89 | 78 | 100 | 267 | 89.00 | 良好 |
| 7 | 4 | 170804004 | 骆天 | 男 | 59 | 76 | 61 | 196 | 65.33 | 及格 |
| 8 | 5 | 170804005 | 马玲 | 女 | 74 | 86 | 51 | 211 | 70.33 | 中 |
| 9 | 6 | 170804006 | 曹涵 | 女 | 100 | 54 | 69 | 223 | 74.33 | 中 |
| 10 | 7 | 170804007 | 徐萌 | 女 | 64 | 72 | 85 | 221 | 73.67 | 中 |
| 11 | 8 | 170804008 | 卢煜明 | 男 | 70 | 87 | 81 | 238 | 79.33 | 中 |
| 12 | 9 | 170804009 | 史文龙 | 男 | 95 | 62 | 60 | 217 | 72.33 | 中 |
| 13 | 10 | 170804010 | 周兵 | 男 | 55 | 86 | 51 | 192 | 64.00 | 及格 |
| 14 | 11 | 170804011 | 魏占晓 | 男 | 74 | 86 | 51 | 211 | 70.33 | 中 |
| 15 | 12 | 170804012 | 蒋凯 | 男 | 100 | 54 | 69 | 223 | 74.33 | 中 |
| 16 | 13 | 170804013 | 张峰 | 男 | 64 | 72 | 85 | 221 | 73.67 | 中 |
| 17 | 14 | 170804014 | 吴学全 | 男 | 70 | 87 | 81 | 238 | 79.33 | 中 |
| 18 | 15 | 170804015 | 李婷婷 | 女 | 95 | 62 | 60 | 217 | 72.33 | 中 |

J4 的公式为:=IF(I4>=90,"优秀",IF(I4>=80,"良好",IF(I4>=70,"中",IF(I4>=60,"及格","不及格"))))

图 5-3-20  计算"等级"

(9)统计名次。选择单元格 I3,输入"名次",选择单元格 I4,单击编辑栏上的"插入函数"按钮 fx,在弹出的"插入函数"对话框中选择"或选择类别"下拉列表框中的"统计",在"选择函数"列表框中选"RANK"函数,单击"确定"按钮。

在弹出的"函数参数"对话框中,选择第一个文本框,单击单元格"I4",选择第二个文本框,选择单元格区域"$I$4:$I$18",如图 5-3-21 所示,单击"确定"按钮。拖动 I4 单元格右下角的填充柄,填充 I5 至 I18 单元格区域,如图 5-3-22 所示。

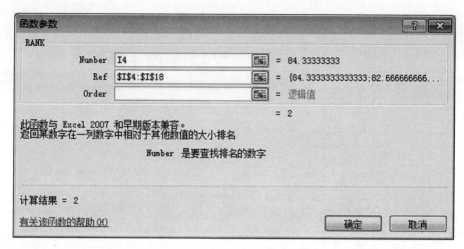

图 5 - 3 - 21 "名次"参数的设置

| | A | B | C | D | E | F | G | H | I | J | K |
|---|---|---|---|---|---|---|---|---|---|---|---|
| | | | | | | | | | | 不及格人数: | 7 |
| 1 | | | | | | ***学院期末成绩表 | | | | | |
| 2 | 年级: | 17 | | 班级: | 08 | | 人数: | 15 | | 不及格人数: | 7 |
| 3 | 序号 | 学号 | 姓名 | 性别 | 基础会计 | 商务与物流 | 商务谈判 | 总分 | 平均分 | 等级 | 排名 |
| 4 | 1 | 170804001 | 张一 | 男 | 82 | 76 | 95 | 253 | 84.33 | 良好 | 2 |
| 5 | 2 | 170804002 | 李天骄 | 女 | 87 | 94 | 67 | 248 | 82.67 | 良好 | 3 |
| 6 | 3 | 170804003 | 王胜 | 男 | 89 | 78 | 100 | 267 | 89.00 | 良好 | 1 |
| 7 | 4 | 170804004 | 骆天 | 男 | 59 | 76 | 61 | 196 | 65.33 | 及格 | 14 |
| 8 | 5 | 170804005 | 马玲 | 女 | 74 | 86 | 51 | 211 | 70.33 | 中 | 12 |
| 9 | 6 | 170804006 | 曹涵 | 女 | 100 | 54 | 69 | 223 | 74.33 | 中 | 6 |
| 10 | 7 | 170804007 | 徐萌 | 女 | 64 | 72 | 85 | 221 | 73.67 | 中 | 8 |
| 11 | 8 | 170804008 | 卢煜明 | 男 | 70 | 87 | 81 | 238 | 79.33 | 中 | 4 |
| 12 | 9 | 170804009 | 史文龙 | 男 | 95 | 62 | 60 | 217 | 72.33 | 中 | 10 |
| 13 | 10 | 170804010 | 周兵 | 男 | 55 | 86 | 51 | 192 | 64.00 | 及格 | 15 |
| 14 | 11 | 170804011 | 魏占晓 | 男 | 74 | 86 | 51 | 211 | 70.33 | 中 | 12 |
| 15 | 12 | 170804012 | 蒋凯 | 男 | 100 | 54 | 69 | 223 | 74.33 | 中 | 6 |
| 16 | 13 | 170804013 | 张峰 | 男 | 64 | 72 | 85 | 221 | 73.67 | 中 | 8 |
| 17 | 14 | 170804014 | 吴学全 | 男 | 70 | 87 | 81 | 238 | 79.33 | 中 | 4 |
| 18 | 15 | 170804015 | 李婷婷 | 女 | 95 | 62 | 60 | 217 | 72.33 | 中 | 10 |

K4 | =RANK(I4,$I$4:$I$18)

图 5 - 3 - 22 填充

(10)计算年级代码。选择单元格 B2,单击编辑栏上的"插入函数"按钮 $f_x$,在弹出的"插入函数"对话框的"或选择类别"的下拉列表框中选"文本",在"选择函数"的列表框中选"LEFT"函数,单击"确定"按钮。在弹出的"函数参数"对话框中,选择第一个文本框,单击单元格"B4",选择第二个文本框输入"2",如图 5 - 3 - 23 所示,单击"确定"按钮。

(11)计算专业代码。选择单元格 E2,单击编辑栏上的"插入函数"按钮 $f_x$,在弹出的"插入函数"对话框的"或选择类别"的下拉列表框中选"文本",在"选择函数"的列表框中选"MID"函数,单击"确定"按钮。在弹出的"函数参数"对话框中,选择第一个文本框,单击单元格"B4",在第二个文本框输入"3",在第三个文本框输入"2",如图 5 - 3 - 24 所示,单击"确定"按钮。

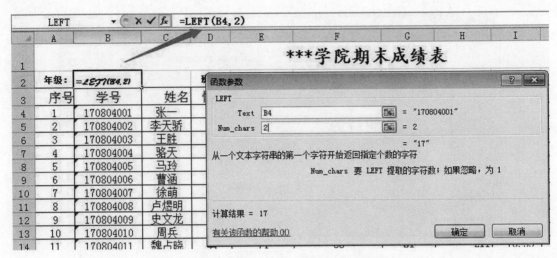

图 5 - 3 - 23 "LEFT"函数参数设置

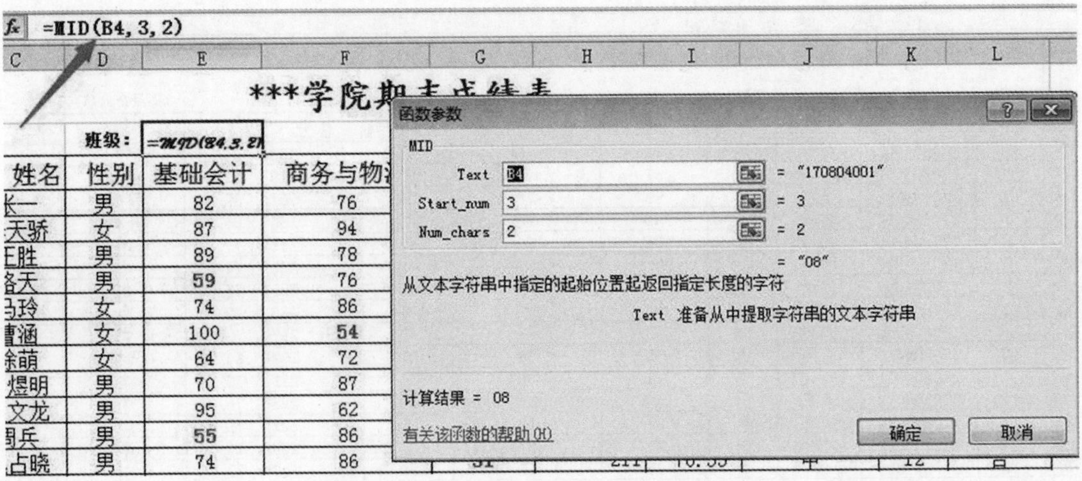

图 5 - 3 - 24 "MID"函数参数设置

（12）统计班级人数。选择单元格 H2，单击编辑栏上的"插入函数"按钮 $f_x$，在弹出的"插入函数"对话框的"或选择类别"的下拉列表框中选"统计"，在"选择函数"的列表框中选"COUNTA"函数，单击"确定"按钮。在弹出的"函数参数"对话框中，选择第一个文本框，选择单元格区域"C4:C18"，如图 5 - 3 - 25 所示，单击"确定"按钮。

（13）统计三好学生人数。选择单元格 J2，单击编辑栏上的"插入函数"按钮 $f_x$，在弹出的"插入函数"对话框的"或选择类别"的下拉列表框中选"统计"，在"选择函数"的列表框中选"COUNTIF"函数，单击"确定"按钮。在弹出的"函数参数"对话框中，选择第一个文本框，选择单元格区域"L4:L18"，在第二个文本框中输入"三好学生"，如图 5 - 3 - 26 所示，单击"确定"按钮。

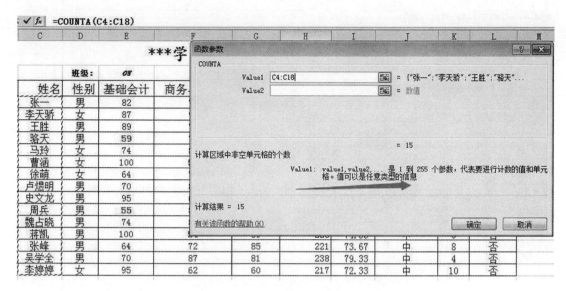

图 5-3-25 "COUNTA"函数参数设置

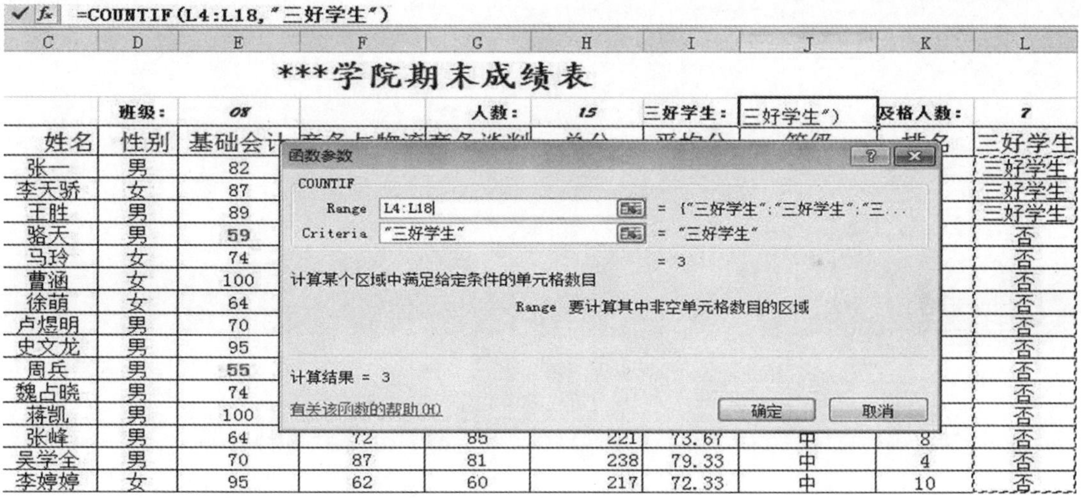

图 5-3-26 "COUNTIF"函数参数设置

(14)统计不及格门次。选择单元格 J3,单击编辑栏上的"插入函数"按钮 *fx*,在弹出的"插入函数"对话框的"或选择类别"的下拉列表框中选"统计",在"选择函数"的列表框中选"COUNTIF"函数,单击"确定"按钮。在弹出的"函数参数"对话框中,选择第一个文本框,选择单元格区域"E4:G18",在第二个文本框中输入"<60",单击"确定"按钮,如图 5-3-27 所示,单击"确定"按钮。

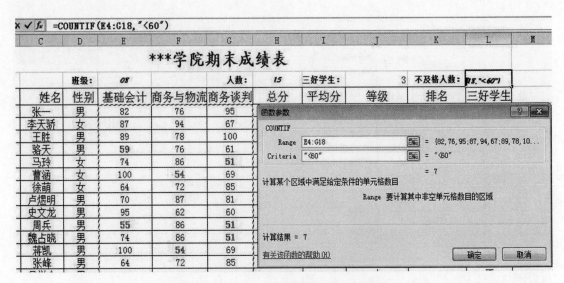

图 5-3-27　"COUNTIF"函数参数设置

(15)保存文件。单击"快速访问工具栏"上的"保存"按钮。

# 5.4　分析和汇总成绩表

## 【生活话题】

（老师）

小明你最近几次考试第几名呀?有几门不及格呀?

（小明）

老师我在班级排名第二，没有不及格，全部都是85分以上哦！嘿嘿！

老师，我……我，我不好意思说。

（小惠）

（小梅）

哈哈！第二还好意思说呀，我在班级排名第一，这两年一直第一，从来没有挂科现象！

一说成绩我就生气，我每次都去看班级的排名表，每次都觉得自己还能再往前进一步，可是……哎！

（小花）

大家想想，如果那么多信息都用手写是不是太复杂了呢，我们今天就来学习成绩表的统计和分析！

（老师）

## 【话题分析】

　　老师每个学期都需要对本班学生的成绩进行分析、汇总，以前老师都是用手工完成这些任务，计算量大、任务重，每次都需要花好几天时间，学习 Excel 之后，对数据的处理方面就会方便很多，减轻教师们的负担。

分析、汇总班级学生成绩单,对全班学生进行总分排名,找出成绩不及格和优异学生,并对全班学生成绩进行综合分析,观察男女生学成绩之间的差异。

## 【知识介绍】

### 5.4.1 数据清单表排序

1.了解数据清单的概念

数据清单是包括相关数据组的带标志的一系列工作表数据行。

数据清单中的行相当于数据库中的记录,数据清单中的列是数据库中的字段,数据清单中的列标题是数据库中的字段名。

2.简单排序

数据排序是指按一定规则对数据进行整理、排列。

对 Excel 2010 中的数据清单按照单列的内容进行简单排序时,单击"数据"选项卡上的"排序和筛选"组中"升序"按钮 或"降序"按钮 完成相应排序操作。

图 5-4-1 所示为没有按总分排序的成绩表。

在表中选定 H2 单元格,单击"数据"选项卡上的"排序和筛选"组中的"降序"按钮 。排序之后的工作表如图 5-4-2 所示。

| 序号 | 学号 | 姓名 | 性别 | 基础会计 | 商务与物流 | 商务谈判 | 总分 | 平均分 |
|---|---|---|---|---|---|---|---|---|
| | | | | ***学院期末成绩表 | | | | |
| 1 | 170804001 | 张一 | 男 | 82 | 76 | 95 | 253 | 84.33 |
| 2 | 170804002 | 李天骄 | 女 | 87 | 94 | 67 | 248 | 82.67 |
| 3 | 170804003 | 王胜 | 男 | 89 | 78 | 100 | 267 | 89.00 |
| 4 | 170804004 | 骆天 | 男 | 59 | 76 | 61 | 196 | 65.33 |
| 5 | 170804005 | 马玲 | 女 | 74 | 86 | 51 | 211 | 70.33 |
| 6 | 170804006 | 曹涵 | 女 | 100 | 54 | 69 | 223 | 74.33 |
| 7 | 170804007 | 徐萌 | 女 | 64 | 72 | 85 | 221 | 73.67 |
| 8 | 170804008 | 卢煜明 | 男 | 70 | 87 | 81 | 238 | 79.33 |
| 9 | 170804009 | 史文龙 | 男 | 95 | 62 | 60 | 217 | 72.33 |
| 10 | 170804010 | 周兵 | 男 | 55 | 86 | 51 | 192 | 64.00 |
| 11 | 170804011 | 魏占晓 | 男 | 74 | 86 | 51 | 211 | 70.33 |
| 12 | 170804012 | 蒋凯 | 男 | 100 | 54 | 69 | 223 | 74.33 |
| 13 | 170804013 | 张峰 | 男 | 64 | 72 | 85 | 221 | 73.67 |
| 14 | 170804014 | 吴学全 | 男 | 70 | 87 | 81 | 238 | 79.33 |
| 15 | 170804015 | 李婷婷 | 女 | 95 | 62 | 60 | 217 | 72.33 |

图 5-4-1 学生成绩排序前

3.自定义排序

自定义排序是利用一个或多个关键字,对工作表数据记录进行排序。

多关键字排序是定义多个关键字,首先按主要关键字排序,主要关键字记录相同时,按次要关键字排序。

选定工作表中要排序的范围,单击"数据"选项卡上的"排序和筛选"组,选中"排序"按钮 ,弹出"排序"对话框,如图 5-4-3 所示。

| | 序号 | 学号 | 姓名 | 性别 | 基础会计 | 商务与物流 | 商务谈判 | 总分 | 平均分 |
|---|---|---|---|---|---|---|---|---|---|
| | | | | | | | | | |
| | A | B | C | D | E | F | G | H | I |
| 1 | | | ***学院期末成绩表 | | | | | | |
| 2 | 序号 | 学号 | 姓名 | 性别 | 基础会计 | 商务与物流 | 商务谈判 | 总分 | 平均分 |
| 3 | 3 | 170804003 | 王胜 | 男 | 89 | 78 | 100 | 267 | 89.00 |
| 4 | 1 | 170804001 | 张一 | 男 | 82 | 76 | 95 | 253 | 84.33 |
| 5 | 2 | 170804002 | 李天骄 | 女 | 87 | 94 | 67 | 248 | 82.67 |
| 6 | 8 | 170804008 | 卢煜明 | 男 | 70 | 87 | 81 | 238 | 79.33 |
| 7 | 14 | 170804014 | 吴学全 | 男 | 70 | 87 | 81 | 238 | 79.33 |
| 8 | 6 | 170804006 | 曹涵 | 女 | 100 | 54 | 69 | 223 | 74.33 |
| 9 | 12 | 170804012 | 蒋凯 | 男 | 100 | 54 | 69 | 223 | 74.33 |
| 10 | 7 | 170804007 | 徐萌 | 女 | 64 | 72 | 85 | 221 | 73.67 |
| 11 | 13 | 170804013 | 张峰 | 男 | 64 | 72 | 85 | 221 | 73.67 |
| 12 | 9 | 170804009 | 史文龙 | 男 | 95 | 62 | 60 | 217 | 72.33 |
| 13 | 15 | 170804015 | 李婷婷 | 女 | 95 | 62 | 60 | 217 | 72.33 |
| 14 | 5 | 170804005 | 马玲 | 女 | 74 | 86 | 51 | 211 | 70.33 |
| 15 | 11 | 170804011 | 魏占晓 | 男 | 74 | 86 | 51 | 211 | 70.33 |
| 16 | 4 | 170804004 | 骆天 | 男 | 59 | 76 | 61 | 196 | 65.33 |
| 17 | 10 | 170804010 | 周兵 | 男 | 55 | 86 | 51 | 192 | 64.00 |

图 5-4-2　学生成绩排序后效果图

在"排序"对话框中,单击"主要关键字"栏右侧的下拉三角形按钮,在下拉列表中选择主要关键字,然后选择排序方法(升序或降序)。

如果还有次关键字,单击"添加条件"按钮进行次关键字的设置。

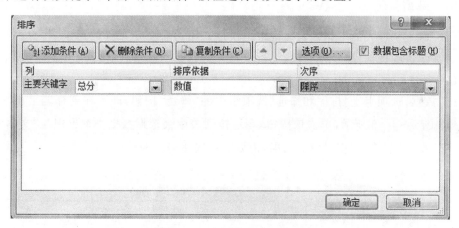

图 5-4-3　"排序"对话框

排序对话框中各选项含义如下:

列:用来设置主要关键字与次要关键字的名称,即选择同一个工作区域中的多个数据名称。

排序依据:用来设置数据的排序类型,包括数值、单元格颜色、字体颜色与单元格图标。

次序:用来设置数据的排序方法,包括升序、降序与自定义序列,默认为升序。

添加条件:单击该按钮,可在主要关键字下方添加次要关键字条件,选择排序依据与次序即可。

删除条件:单击该按钮,可删除选中的排序条件。

复制条件:单击该按钮,可复制当前的关键字条件。

选项:单击该按钮,可在弹出的"排序选项"对话框中设置排序方法与排序方向,如图 5-4-4 所示。

数据包含标题:选中该复选框,即可包含数据区域中的列标题。

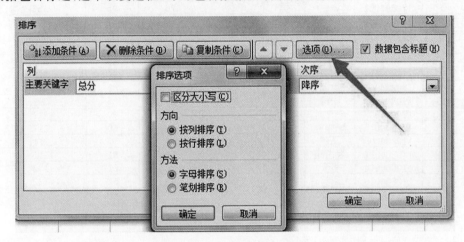

图 5-4-4 "排序选项"设置

### 5.4.2 数据筛选

"筛选"就是从庞大的工作表数据记录中快速选出符合一定条件的记录,并对这些记录进行操作。筛选过的数据仅显示那些满足指定条件的行。

1.自动筛选

单击"数据"选项卡上"排序和筛选"选项组中的"筛选"按钮,即可在列标题上出现"筛选"按钮 ▼,如图 5-4-5 所示,单击该按钮,在下拉列表中会根据数据类型出现与"文本筛选"或"数字筛选"及"日期筛选"相对应的选项,根据需要选择相应的筛选,如图 5-4-6 所示。

| | A | B | C | D | E | F | G | H | I |
|---|---|---|---|---|---|---|---|---|---|
| 1 | | | | | ***学院期末成绩表 | | | | |
| 2 | 序▼ | 学号 ▼ | 姓▼ | 性▼ | 基础会计▼ | 商务与物▼ | 商务谈▼ | 总分 ▼ | 平均分▼ |
| 3 | 2 | 170804002 | 李一骄 | 女 | 87 | 94 | 67 | 248 | 82.67 |
| 4 | 6 | 170804006 | 曹涵 | 女 | 100 | | 69 | 223 | 74.33 |
| 5 | 7 | 170804007 | 徐萌 | 女 | 64 | 72 | 85 | 221 | 73.67 |
| 6 | 15 | 170804015 | 李婷婷 | 女 | 95 | 62 | 60 | 217 | 72.33 |
| 7 | 5 | 170804005 | 马玲 | 女 | 74 | 86 | 51 | 211 | 70.33 |
| 8 | 3 | 170804003 | 王胜 | 男 | 89 | 78 | 100 | 267 | 89.00 |
| 9 | 1 | 170804001 | 张一 | 男 | 82 | 76 | 95 | 253 | 84.33 |
| 10 | 8 | 170804008 | 卢煜明 | 男 | 70 | 87 | 81 | 238 | 79.33 |

图 5-4-5 列标上的"筛选"按钮

2.自定义筛选

在自动筛选的下拉列表中单击筛选项,在出现的子菜单中选择"自定义筛选",如图 5-4-7所示。

自定义筛选时,系统会自动弹出"自定义自动筛选方式"对话框,如图 5-4-8 所示。

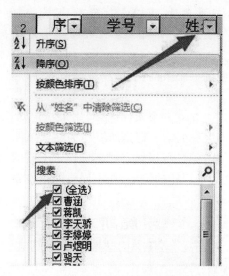

图 5-4-6　文本筛选

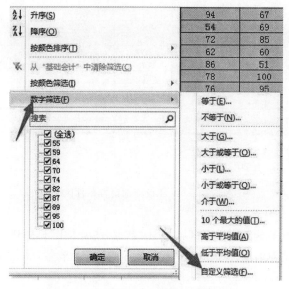

图 5-4-7　自定义筛选

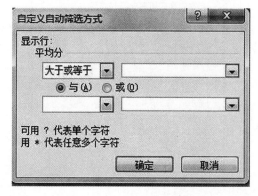

图 5-4-8　自定义筛选对话框

在该对话框中设置两个筛选条件,可以定义等于、不等于、大于、小于等 11 种筛选条件。设置条件的方式如下:

与:同时需要满足两个条件。

或:需要满足两个条件中的一个条件。

3.高级筛选

使用高级筛选功能,必须先建立一个条件区域,用来指定筛选的数据所需满足的条件,如图 5-4-9 所示。其中,条件区域的第一行是所有作为筛选条件的字段名,这些字段名与数据清单中的字段名必须完全一样,第二行根据字段名称设置不同的筛选条件。

在同一行的条件表示之间是"与"的关系,在不同行的条件表示之间是"或"的关系。

| | A | B | C | D | E | F | G | H | I |
|---|---|---|---|---|---|---|---|---|---|
| 1 | | | | ***学院期末成绩表 | | | | | |
| 2 | 序号 | 学号 | 姓名 | 性别 | 基础会计 | 商务与物流 | 商务谈判 | 总分 | 平均分 |
| 3 | 2 | 170804002 | 李天骄 | 女 | 87 | 94 | 67 | 248 | 82.67 |
| 4 | 6 | 170804006 | 曹涵 | 女 | 100 | 54 | 69 | 223 | 74.33 |
| 5 | 7 | 170804007 | 徐萌 | 女 | 64 | 72 | 85 | 221 | 73.67 |
| 6 | 15 | 170804015 | 李婷婷 | 女 | 95 | 62 | 60 | 217 | 72.33 |
| 7 | 5 | 170804005 | 马玲 | 女 | 74 | 86 | 51 | 211 | 70.33 |
| 8 | 3 | 170804003 | 王胜 | 男 | 89 | 78 | 100 | 267 | 89.00 |
| 9 | 1 | 170804001 | 张一 | 男 | 82 | 76 | 95 | 253 | 84.33 |
| 10 | 8 | 170804008 | 卢煜明 | 男 | 70 | 87 | 81 | 238 | 79.33 |
| 11 | 14 | 170804014 | 吴学全 | 男 | 70 | 87 | 81 | 238 | 79.33 |
| 12 | 12 | 170804012 | 蒋凯 | 男 | 100 | 54 | 69 | 223 | 74.33 |
| 13 | 13 | 170804013 | 张峰 | 男 | 64 | 72 | 85 | 221 | 73.67 |
| 14 | 9 | 170804009 | 史文龙 | 男 | 95 | 62 | 60 | 217 | 72.33 |
| 15 | 11 | 170804011 | 魏占晓 | 男 | 74 | 86 | 51 | 211 | 70.33 |
| 16 | 4 | 170804004 | 骆天 | 男 | 59 | 76 | 61 | 196 | 65.33 |
| 17 | 10 | 170804010 | 周岳 | 男 | 55 | 86 | 51 | 192 | 64.00 |
| 18 | | | | | | | | | |
| 19 | | 条件区域 | | 基础会计 | 总分 | | | | |
| 20 | | | | >=80 | >=240 | | | | |

图 5-4-9 高级筛选设置条件区域

条件区域建好后,鼠标定位到数据区域,单击"数据"选项卡上"排序和筛选"组的"高级"按钮,弹出如图 5-4-10 所示的对话框,在该对话框中设置相应的筛选参数,单击"确定"按钮即可。

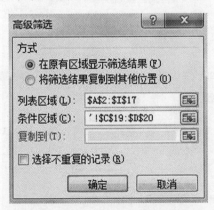

图 5-4-10 "高级筛选"对话框

在原有区域显示筛选结果：表示筛选结果显示在原数据区域位置，原有数据区域被覆盖。

将筛选结果复制到其他位置：表示筛选后的结果将显示在指定的单元格区域中，与原数据区域并存。其中：

列表区域：设置筛选数据区域。

条件区域：设置筛选条件区域，即新设定的筛选条件区域。

复制到：设置筛选结果的存放位置。

选择不重复的记录：选中该复选框，表示在筛选结果中将不显示重复的数据。

通过单击"排序和筛选"选项组中的"清除"命令，清除筛选操作，筛选结果如图 5 - 4 - 11 所示。

| | A | B | C | D | E | F | G | H | I |
|---|---|---|---|---|---|---|---|---|---|
| 1 | | | | ***学院期末成绩表 | | | | | |
| 2 | 序号 | 学号 | 姓名 | 性别 | 基础会计 | 商务与物流 | 商务谈判 | 总分 | 平均分 |
| 3 | 2 | 170804002 | 李天骄 | 女 | 87 | 94 | 67 | 248 | 82.67 |
| 8 | 3 | 170804003 | 王胜 | 男 | 89 | 78 | 100 | 267 | 89.00 |
| 9 | 1 | 170804001 | 张一 | 男 | 82 | 76 | 95 | 253 | 84.33 |

图 5 - 4 - 11 学生成绩筛选结果

### 5.4.3 数据分类汇总

分类汇总使用户对数据表进行简单的统计和分析，当插入分类汇总时，Excel 将分级显示数据清单，以便为每个分类汇总显示或隐藏明细数据行。

在对数据记录进行分类汇总时，应先按照分类字段排序，将要进行分类汇总的行组合到一起，然后为包含数字的列计算分类汇总。选择数据区域中的任意单元格，在"数据"选项卡中选择"分级显示"选项组，打开"分类汇总"命令，在弹出的"分类汇总"对话框中设置各选项即可，如图 5 - 4 - 12 所示。

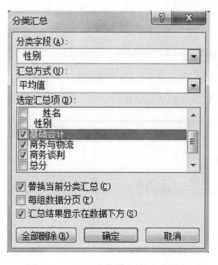

图 5 - 4 - 12 "分类汇总"对话框

分类字段:设置分类汇总的字段依据,包含数据区域中的所有字段。

汇总方式:设置汇总函数,包含求和、平均值、最大值等11种函数。

选定汇总项:设置汇总数据列。

替换当前分类汇总:表示在进行多次汇总操作时,单击该复选框可以清除前一次汇总结果,按本次分类要求汇总。

每组数据分页:勾选该复选框,表示在打印工作表时,将每一类分别打印。

汇总结果显示在数据下方:勾选该复选框,可以将分类汇总结果显示在本类最后一行。

在显示分类汇总结果的同时,分类汇总表的左侧会自动显示1,2,3"分级显示"按钮,它们表示数据表分级显示结构共有三个等级,如图5-4-13所示,使用"分级显示"按钮可以显示或隐藏分类数据。

| | A | B | C | D | E | F | G | H | I |
|---|---|---|---|---|---|---|---|---|---|
| 1 | | | ***学院期末成绩表 | | | | | | |
| 2 | 序号 | 学号 | 姓名 | 性别 | 基础会计 | 商务与物流 | 商务谈判 | 总分 | 平均分 |
| 3 | 2 | 170804002 | 李天骄 | 女 | 87 | 94 | 67 | 248 | 82.67 |
| 4 | 6 | 170804006 | 曹涵 | 女 | 100 | 54 | 69 | 223 | 74.33 |
| 5 | 7 | 170804007 | 徐萌 | 女 | 64 | 72 | 85 | 221 | 73.67 |
| 6 | 15 | 170804015 | 李婷婷 | 女 | 95 | 62 | 60 | 217 | 72.33 |
| 7 | 5 | 170804005 | 马玲 | 女 | 74 | 86 | 51 | 211 | 70.33 |
| 8 | | | | 女 平均值 | 84 | 73.6 | 66.4 | | |
| 9 | 3 | 170804003 | 王胜 | 男 | 89 | 78 | 100 | 267 | 89.00 |
| 10 | 1 | 170804001 | 张一 | 男 | 82 | 76 | 95 | 253 | 84.33 |
| 11 | 8 | 170804008 | 卢煜明 | 男 | 70 | 87 | 81 | 238 | 79.33 |
| 12 | 14 | 170804014 | 吴学全 | 男 | 70 | 87 | 81 | 238 | 79.33 |
| 13 | 12 | 170804012 | 蒋凯 | 男 | 100 | 54 | 69 | 223 | 74.33 |
| 14 | 13 | 170804013 | 张峰 | 男 | 64 | 72 | 85 | 221 | 73.67 |
| 15 | 9 | 170804009 | 史文龙 | 男 | 95 | 62 | 60 | 217 | 72.33 |
| 16 | 11 | 170804011 | 魏占晓 | 男 | 74 | 86 | 51 | 211 | 70.33 |
| 17 | 4 | 170804004 | 骆天 | 男 | 59 | 76 | 61 | 196 | 65.33 |
| 18 | 10 | 170804010 | 周兵 | 男 | 55 | 86 | 51 | 192 | 64.00 |
| 19 | | | | 男 平均值 | 75.8 | 76.4 | 73.4 | | |
| 20 | | | | 总计平均值 | 78.53 | 75.47 | 71.07 | | |

图5-4-13 分类汇总结果

在"分级显示"中存在5种按钮:

1:单击此按钮只显示总的汇总结果,即总计数据。

2:单击此按钮显示部分数据及其汇总结果。

3:单击此按钮显示全部数据。

-:显示分级显示详细信息。

+:隐藏分级显示详细信息。

若用户要取消分类汇总,则可以在如图5-4-12所示的"分类汇总"对话框中单击"全部删除"按钮。

## 【任务实践】

本任务主要完成对成绩的排序,筛选出满足给定条件的学生,以及对男女学生的成绩进行分类汇总等,如图5-4-14~图5-4-16所示。

| | A | B | C | D | E | F | G | H | I |
|---|---|---|---|---|---|---|---|---|---|
| 1 | | | | **\*\*\*学院期末成绩表** | | | | | |
| 2 | 序号 | 学号 | 姓名 | 性别 | 基础会计 | 商务与物流 | 商务谈判 | 总分 | 平均分 |
| 3 | 3 | 170804003 | 王胜 | 男 | 89 | 78 | 100 | 267 | 89.00 |
| 4 | 1 | 170804001 | 张一 | 男 | 82 | 76 | 95 | 253 | 84.33 |
| 5 | 2 | 170804002 | 李天骄 | 女 | 87 | 94 | 67 | 248 | 82.67 |
| 6 | 8 | 170804008 | 卢煜明 | 男 | 70 | 87 | 81 | 238 | 79.33 |
| 7 | 14 | 170804014 | 吴学全 | 男 | 70 | 87 | 81 | 238 | 79.33 |
| 8 | 6 | 170804006 | 曹涵 | 女 | 100 | 54 | 69 | 223 | 74.33 |
| 9 | 12 | 170804012 | 蒋凯 | 男 | 100 | 54 | 69 | 223 | 74.33 |
| 10 | 7 | 170804007 | 徐萌 | 女 | 64 | 72 | 85 | 221 | 73.67 |
| 11 | 13 | 170804013 | 张峰 | 男 | 64 | 72 | 85 | 221 | 73.67 |
| 12 | 9 | 170804009 | 史文龙 | 男 | 95 | 62 | 60 | 217 | 72.33 |
| 13 | 15 | 170804015 | 李婷婷 | 女 | 95 | 62 | 60 | 217 | 72.33 |
| 14 | 5 | 170804005 | 马玲 | 女 | 74 | 86 | 51 | 211 | 70.33 |
| 15 | 11 | 170804011 | 魏占晓 | 男 | 74 | 86 | 51 | 211 | 70.33 |
| 16 | 4 | 170804004 | 骆天 | 男 | 59 | 76 | 61 | 196 | 65.33 |
| 17 | 10 | 170804010 | 周兵 | 男 | 55 | 86 | 51 | 192 | 64.00 |

图 5-5-14　学生成绩排序效果图

| | A | B | C | D | E | F | G | H | I |
|---|---|---|---|---|---|---|---|---|---|
| 1 | | | | **\*\*\*学院期末成绩表** | | | | | |
| 2 | 序▼ | 学号 ▼ | 姓▼ | 性▼ | 基础会计▼ | 商务与物▼ | 商务谈▼ | 总分 ▼ | 平均分▼ |
| 3 | 3 | 170804003 | 王胜 | 男 | 89 | 78 | 100 | 267 | 89.00 |
| 4 | 1 | 170804001 | 张一 | 男 | 82 | 76 | 95 | 253 | 84.33 |
| 5 | 2 | 170804002 | 李天骄 | 女 | 87 | 94 | 67 | 248 | 82.67 |

图 5-4-15　学生成绩筛选效果图

| | A | B | C | D | E | F | G | H | I |
|---|---|---|---|---|---|---|---|---|---|
| 1 | | | | **\*\*\*学院期末成绩表** | | | | | |
| 2 | 序号 | 学号 | 姓名 | 性别 | 基础会计 | 商务与物流 | 商务谈判 | 总分 | 平均分 |
| 3 | 2 | 170804002 | 李天骄 | 女 | 87 | 94 | 67 | 248 | 82.67 |
| 4 | 6 | 170804006 | 曹涵 | 女 | 100 | 54 | 69 | 223 | 74.33 |
| 5 | 7 | 170804007 | 徐萌 | 女 | 64 | 72 | 85 | 221 | 73.67 |
| 6 | 15 | 170804015 | 李婷婷 | 女 | 95 | 62 | 60 | 217 | 72.33 |
| 7 | 5 | 170804005 | 马玲 | 女 | 74 | 86 | 51 | 211 | 70.33 |
| 8 | | | | 女　平均值 | 84 | 73.6 | 66.4 | | |
| 9 | 3 | 170804003 | 王胜 | 男 | 89 | 78 | 100 | 267 | 89.00 |
| 10 | 1 | 170804001 | 张一 | 男 | 82 | 76 | 95 | 253 | 84.33 |
| 11 | 8 | 170804008 | 卢煜明 | 男 | 70 | 87 | 81 | 238 | 79.33 |
| 12 | 14 | 170804014 | 吴学全 | 男 | 70 | 87 | 81 | 238 | 79.33 |
| 13 | 12 | 170804012 | 蒋凯 | 男 | 100 | 54 | 69 | 223 | 74.33 |
| 14 | 13 | 170804013 | 张峰 | 男 | 64 | 72 | 85 | 221 | 73.67 |
| 15 | 9 | 170804009 | 史文龙 | 男 | 95 | 62 | 60 | 217 | 72.33 |
| 16 | 11 | 170804011 | 魏占晓 | 男 | 74 | 86 | 51 | 211 | 70.33 |
| 17 | 4 | 170804004 | 骆天 | 男 | 59 | 76 | 61 | 196 | 65.33 |
| 18 | 10 | 170804010 | 周兵 | 男 | 55 | 86 | 51 | 192 | 64.00 |
| 19 | | | | 男　平均值 | 75.8 | 76.4 | 73.4 | | |
| 20 | | | | 总计平均值 | 78.53 | 75.47 | 71.07 | | |

图 5-4-16　学生成绩汇总效果图

# 5.5　制作销售统计图表

## 【生活话题】

几年之后你们就要走向工作岗位了，可能每天都要做很多统计表，那么该怎么做呢？

(老师)

统计表是为了统计数据吗？

(小明)

统计表是将数据统计成什么呢？图还是表格呢？

(小惠)

这个都不知道，初中我学过一点，是将数据统计成各类图形。

(小梅)

新闻联播里经常有同比增长值，那个图应该就是统计图吧！

(小花)

很好，大家能够发挥自己的想象，能够对图表有个简单的认识，很不错，我们接下来要讲的就是图表。统计表是将数据统计成什么呢？是图还是表格呢？

(老师)

## 【话题分析】

无论企业还是事业单位，经常要做一些统计表，以直观显示数据。在做统计表之前会有大量的数据，各式各样的数据一定会让你眼花缭乱，用统计表能一目了然地看出类比。

使用 Excel 中图表能将单元格区域中的数据以图表的形式进行直观显示，并且可以更直观地分析表格数据。

## 【知识介绍】

### 5.5.1　认识图表

Excel 提供了多种图表,有柱形图、条形图、折线图、面积图等,每类图表还包括多种子图表。不同类型的图表适用于不同的数据类型,可以根据工作表的数据特征选择使用图表的类型。

图表区分为图例和绘图区,绘图区包括了垂直(值)轴、水平(类别)轴、网格线及数据系列等,如图 5-5-1 所示。图中,每个数据点都与工作表中的单元格数据相对应,图例则是显示图表数据的种类与对应的颜色。

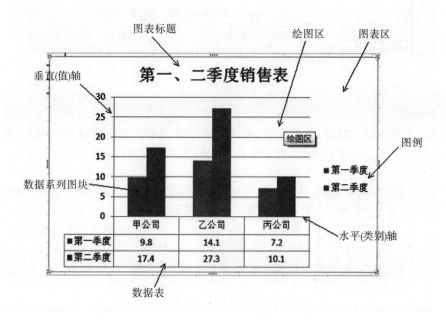

图 5-5-1　图表元素

### 5.5.2　创建图表

1.建立图表

在 Excel 2010 中,可通过"图表"选项组和"插入图表"对话框建立图表。

(1)利用选项组建立图表。选择需要创建图表的单元格区域,在"插入"选项卡中选择"图表"选项中图表类型的按钮,在弹出的下拉列表中,选择所需图表样式即可。

(2)利用"插入图表"对话框建立图表。选择需要创建图表的单元格区域,在"插入"选项卡中选择"图表"选项,打开组中的"对话框启动器"命令,在弹出的"插入图表"对话框中,选择相应图表类型即可,如图 5-5-2 所示。

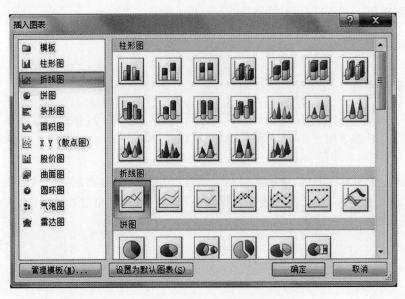

图 5-5-2 图表类型

2.添加数据

(1)通过工作表添加数据：选择图表，在工作表中将自动以蓝色的边框显示图表中的数据区域，将光标置于数据区域右下角，拖动鼠标增加数据区域即可，如图 5-5-3 所示。

| | A | B | C | D |
|---|---|---|---|---|
| 1 | 公司 | 第一季度 | 第二季度 | 第三季度 |
| 2 | 甲公司 | 9.8 | 17.4 | 23.1 |
| 3 | 乙公司 | 14.1 | 27.3 | 20.8 |
| 4 | 丙公司 | 7.2 | 10.1 | 18.9 |

用鼠标拖动此位置

图 5-5-3 拖动鼠标添加数据源

(2)通过"选择数据源"对话框添加数据：右击图表，在弹出的快捷菜单中选择"选择数据源"选项，在弹出的"选择数据源"对话框中，单击"图表数据区域"文本框右侧的"折叠"按钮，在工作表中重新选择数据区域，单击"展开"按钮 回到"选择数据源"对话框，如图 5-5-4所示。

(3)通过"数据"选项组添加数据：单击图表，在"设计"选项卡中选择"数据"选项组，单击"选择数据"按钮，在弹出"选择数据源"对话框中重新选择数据源即可。

3.删除图标数据

选中图表，在要删除的数据系列上右击，在弹出的快捷菜单中选"删除"命令即可。

也可以在"设计"选项卡中选择"数据"选项组，单击"选择数据"按钮，弹出"选择数据源"对话框，重新选择数据源即可。

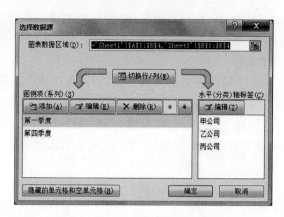

图 5-5-4　对话框添加数据源

### 5.5.3　编辑图表

**1.添加标题**

为使图表更易于理解,可以对图表添加标题,如图表标题和坐标轴标题。

(1)添加图表标题:单击图表,在"布局"选项卡中选择"标签"选项组,单击"图表标题"。在弹出的下拉列表中"居中覆盖标题"或"图表上方",在图表中显示的"图表标题"文本框中键入所需的文本。或在"设计"选项卡中选择"图表布局"选项组中,单击包含标题的布局也可以进行标题的设置。

(2)添加坐标轴标题:单击图表,在"布局"选项卡中选择"标签"选项组,单击"坐标轴标题",在弹出的下拉列表中选择"主要横坐标轴标题"或"主要纵坐标轴标题"所对应的子项即可,如图 5-5-5 所示。在图表中显示的"坐标轴标题"文本框中,键入所需的文本。

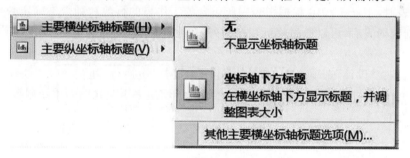

图 5-5-5　图表添加坐标轴标题

**2.设置图例**

单击图表,在"布局"选项卡上的"标签"组中,单击"图例",在弹出的下拉列表中单击所需的选项按钮即可。

**3.更改图表类型**

为了满足工作中分析数据的各种要求,可以在多种图表类型之间进行相互转换。

选择图表,单击"设计"选项卡上"类型"选项组中的"更改图表类型"命令,在弹出的"更改图表类型"对话框中选择相应的图表类型即可。

也可以在图表上右击,在弹出的快捷菜单中选择"更改图表类型"选项,在弹出的"更改图表类型"对话框中选择相应的图表类型即可。

**4.移动图表及调整图表大小**

默认情况下,Excel 2010 中的图表为嵌入式图表,用户不仅可以在同一个工作簿中调整图表放置的工作表位置,而且还可以将图表放置在单独的工作表中。

单击"设计"选项卡上"位置"选项组中的"移动图表"命令(或在图表上右击,在弹出的快捷菜单中选择"移动图表"命令),在弹出的"移动图表"对话框中选择图表放置的位置即可,如图5-5-6所示。

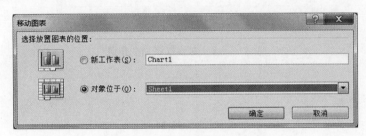

图5-5-6 "移动图表"对话框

新工作表:将图表单独放置于新工作表中,从而创建一个图表工作表。

对象位于:将图表插入到当前工作簿中的任意工作表中。

在 Excel 2010 中,除了可以移动图表的位置外,还可以调整图表的大小。用户可以调整整个图表的大小,也可以单独调整图表中的某个组成部分的大小,如绘图区、图例等。大小的调整可以先选中要调整大小的对象,然后用鼠标拖动句柄来实现。而图表区的大小还可以在"格式"选项卡上"大小"选项组中的"形状高度"和"形状宽度"的文本框来进行设置。

**5.更改行或列绘制数据系列**

创建图表时,Excel 2010 根据图表中所包含的工作表的行数和列数来确定数据系列的方向。但是,创建图表后,可以通过将行切换为列(反之亦然)来更改图表中工作表行和列的绘制方式。

单击图表,在"设计"选项卡上的"数据"组中,单击"切换行/列",单击"切换行/列"按钮后,Excel 2010 会立即通过在工作表行和列之间进行切换来更改在图表中绘制数据的方式,如图5-5-7所示。

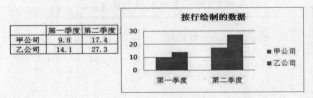 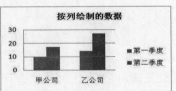

图5-5-7 数据生成的方向

### 5.5.4 美化图表

**1.设置图表区格式**

右击图表区域,在弹出的快捷菜单中选择"设置图表区域格式"命令,在弹出的"设置图表区格式"对话框中设置各选项即可,如图 5-5-8 所示。

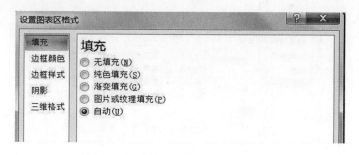

图 5-5-8　"设置图表区格式"对话框

填充:填充图表的背景色。该选项卡主要包括 5 种填充方式,如图 5-5-8 所示。

边框颜色:设置图表区边框的颜色。该选项卡主要包括"无线条""实线""渐变线""自动"4 个选项,如图 5-5-9 所示。

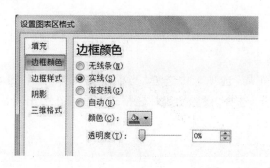

图 5-5-9　设置边框颜色

边框样式:用来设置图表的边框样式。该选项卡主要包括"宽度""复合类型""短划线类型""线端类型""联接类型""箭头设置""圆角"的设置,如图 5-5-10 所示。

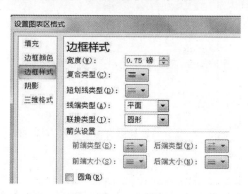

图 5-5-10　设置边框样式

阴影:该选项卡主要设置图表区的阴影效果。在"预设"的下拉列表框中有系统预定的阴影样式,在"颜色"下拉列表中可以选定阴影的颜色。

三维格式:该选项卡主要设置图表区的三维效果。其中,"棱台"主要用来设置顶端与底端的类型、宽度和高度,"表面效果"用来设置材料类型,包括标准、特殊效果和半透明 3 类,如

图 5-5-11 所示。

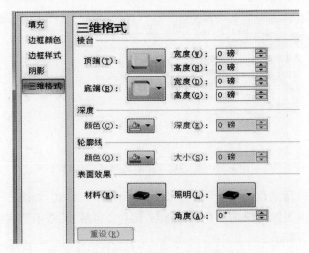

图 5-5-11　图表三维格式设置

2.设置标题格式

单击图表标题,在"布局"选项卡中选择"当前所选内容"选项组,单击"设置所选内容格式",或在图表标题上右击,选择"设置图表标题格式"命令,在弹出对话框中设置相应的标题格式,如图 5-5-12 所示。

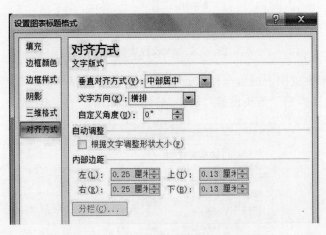

图 5-5-12　"设置图表标题格式"对话框

3.设置坐标轴格式

由于图表坐标轴分为水平坐标轴和垂直坐标轴,所以每种坐标轴中具有不同的格式设置,但是方法都是一样的。

在要设置格式的坐标轴上右击,在弹出的快捷菜单中选择"设置坐标轴格式"命令,在弹出的"设置坐标轴格式"对话框中设置各项选项即可,如图 5-5-13 所示。

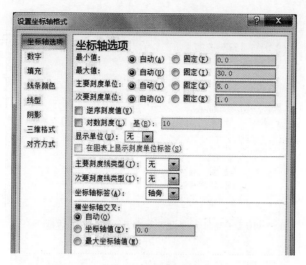

图 5-5-13　"设置坐标轴格式"对话框

也可以在"布局"选项卡中选择"当前所选内容"选项组,在下拉列表框中选择要进行设置的坐标轴,如图 5-5-14 所示,然后单击该选项组中的"设置所选内容格式",在弹出的"设置坐标轴格式"对话框中设置相应的各项选项即可。

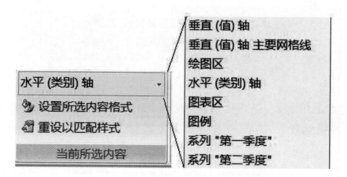

图 5-5-14　"当前所选内容"下拉列表中图表元素

**4.设置数据系列格式**

在要设置的数据系列上右击,在弹出的快捷菜单中选择"设置数据系列格式"命令,在弹出的"设置数据系列格式"对话框中设置相应的各项选项即可,如图 5-5-15 所示。

可以在"系列选项"的列表中拖动滑块来设置系列间距和分类间距值,在"填充"选项中可以重新设置数据系列的颜色。

**5.设置图例格式**

在图列上右击,在弹出的快捷菜单中选择"设置图例格式"命令,在弹出的"设置图例格式"对话框中设置各项选项即可,如图 5-5-16 所示。

在"图例选项"中,可以设置图例在图表中的位置,在"填充"中,可以设置图例的填充色。

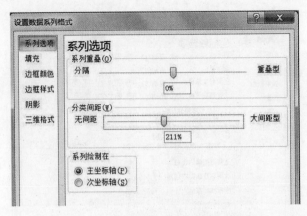

图 5-5-15 "设置数据系列格式"对话框

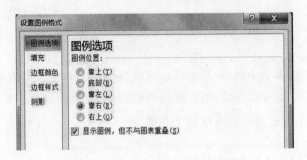

图 5-5-16 "设置图例格式"对话框

## 【任务实践】

本任务是通过产品销售表,制作更加直观明了的图表,将数据表中的数据形象化地表现出来,使其具有良好的视觉效果,方便查看数据的差异性及所占的比例等,如图 5-5-17 和图 5-5-18所示。

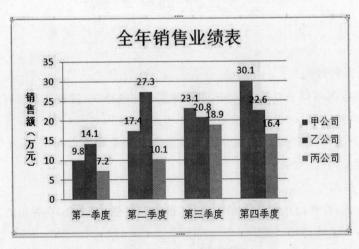

图 5-5-17 柱形销售图

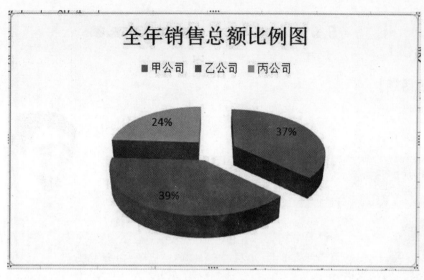

图 5-5-18　饼形销售图

# 5.6　在手机上编辑电子表格

## 【生活话题】

（老师）

我们平时都是用电脑做电子表格，那么我的手机或iPAD能不能做电子表格呢？

（小明）

可以，我看到有的智能手机有电子表格，但是我不会用。

（小惠）

可以的，我曾经试着使用，但是似乎不是很好用。

（小梅）

这个我真不知道，因为我一直都没注意。

（小花）

能用，我曾经看到我爸爸用过iPAD做电子表格，但是我没尝试过。

（老师）

大家说的很好，随着技术的发展，我们手机和iPAD都能使用电子表格软件。

## 【话题分析】

　　手机、iPAD已经进入千家万户，无论我们走到哪里都能看到很多人使用手机或 iPAD，这两种移动终端设备携带方便，而且还能完成一定的工作任务，深受年轻人的喜爱，我们有的时候也使用手机或 iPAD 来完成文字的编辑或表格的制作、修改等。

本书介绍电子表格的下载、安装以及使用,让大家学会正确使用手机、iPAD 来做电子表格。

## 【知识介绍】

### 5.6.1 在手机中安装 Office 办公软件

在手机的"应用商店"(或者其他下载应用的地方)中搜索"WPS",如图 5-6-1 和图 5-6-2 所示。

图 5-6-1 打开"应用商店"

图 5-6-2 搜索 WPS 办公软件

在搜索结果中选择"WPS Office"点击"安装",如图 5-6-3 所示。

安装完成后会出现"打开"按钮,如图 5-6-4 所示。

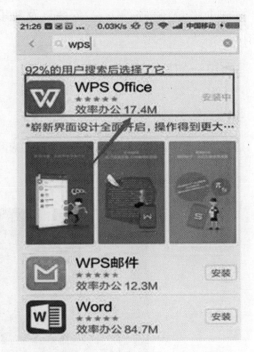

图 5 - 6 - 3　安装办公软件

图 5 - 6 - 4　安装完成

### 5.6.2　在手机上使用 Excel 办公软件

打开 WPS Office 后将会看到它支持很多格式的文档,如 doc,xls,ppt,pdf……如果要处理手机里的文档,点击"打开",找到目标文档,也可以自己"新建"一个文档。

现在以 xls 文件为例进行简单介绍,如图 5-6-5 所示。

1.打开已有的表格

打开或新建 Excel 文档,点击单元格,输入数据,点"Tab"按钮将数据填到单元格,如图 5-6-6 所示。

图 5-6-5　打开办公软件

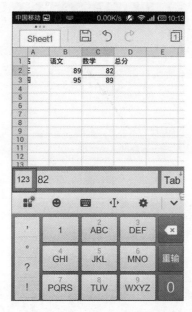

图 5-6-6　打开电子表格

2.对表格中的数据进行运算

点击如图 5-6-7~图 5-6-9 所示的区域可以应用函数调用等功能。

3.完成并保存

处理完成后,点击如图 5-6-10 所示的按钮保存文件。

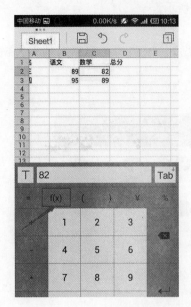

图 5-6-7　点击 F(x)

图 5-6-8　选择常用函数

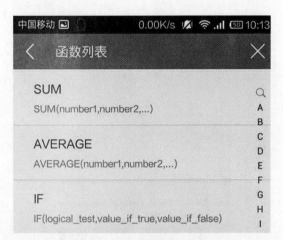

图 5-6-9　调用所需函数

图 5-6-10　保存编辑后的表格

### 5.6.3　在手机上格式化表格

在手机桌面点下 WPS Office 图标,进入到 Office 页面,并打开工作薄,如图 5 - 6 - 11 所示。

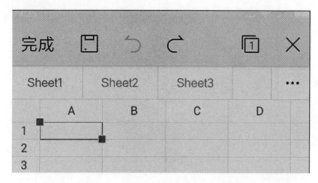

图 5 - 6 - 11　打开电子表格

手指轻点下第一个单元格;然后,手指点住右下角的绿色小方框,如图 5 - 6 - 12 所示。

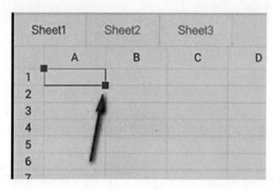

图 5 - 6 - 12　选中第一个单元格

按住绿色小方框拖到截止单元格为止,这时,拖出一个阴影,如图 5 - 6 - 13 所示。

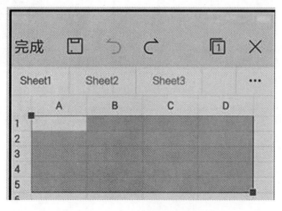

图 5 - 6 - 13　选中单元格区域

　　如果需要添加边框，则点击页面左下方的按钮，如图 5-6-14 所示，在弹出的命令功能区点击"开始"选项卡，在展开的命令里找到边框设置，如图 5-6-15 所示。

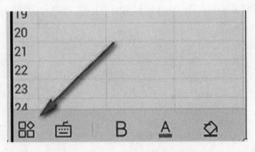

图 5-6-14　设置底色命令

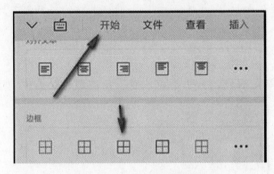

图 5-6-15　添加边框

　　最后，点击"开始"选项卡，手指轻滑，翻到"填充颜色"，点击颜色，完成表格颜色的填充，如图 5-6-16 和图 5-6-17 所示。

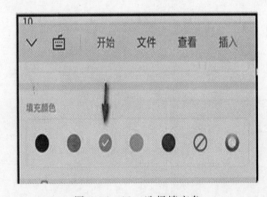

图 5-6-16　选择填充色

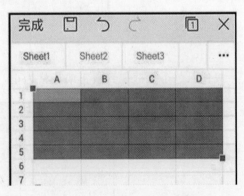

图 5-6-17　填充完成效果图

# 单元六　数字媒体技术应用

　　数字媒体是通过计算机存储、处理和传播信息的媒体,简而言之就是以数字化形式"0"或"1",即以信息的最小单元比特(bit)传递信息的媒体。

　　在当今数据化的时代,应了解数字媒体技术发展;会浏览、播放常见数字媒体素材并进行格式转换;会加工数字媒体素材;会编辑合成数字媒体素材;会制作简单的演示文稿;了解虚拟现实与增强现实技术。

　　通过本单元的学习,帮助大家学会使用"PPT"办公软件,会熟练使用 PPT 工具软件制作PPT;了解数字媒体格式,会进行数字媒体制作,会进行数字媒体转换。

# 6.1 制作 PPT 演示文档

## 【办公话题】

（职员）

小明，我明天要做我们部门的年终总结，公司通知不让拿稿子念，要做PPT演讲，怎么做啊？

（小明）

哦，这个很简单啊，一般都使用PPT就可以了。

（职员）

PPT是什么东西？就是经常看见投影上演示的幻灯片吗？

（小明）

是的，投影上演示的幻灯片一般也称为PPT，需要使用PowerPoint办公软件制作。

（职员）

哪儿有PowerPoint这个软件啊？你帮助我安装一个吧。

（小明）

PowerPoint这个软件我们电脑上都有啊，一般在Office软件包中，和Word一起满足人们日常办公需要。

## 【话题分析】

PowerPoint，大家习惯简称"PPT"，或者称为幻灯片。PPT广泛应用于培训、讲座、演示等活动中。用户可以通过投影方式，演示要呈现的 PPT 内容。

　　在如今这个多媒体办公时代,不管是职场还是教育行业,都在大量使用 PPT 课件进行教学和办公,这就需要掌握 PPT 的制作技术。PPT 制作技术是办公文员必须学会的一项技能。

　　会使用 PPT 制作演示文稿,学会一点 PPT 的制作技巧。不仅仅要做得好,而且还要做得快,更要通过 PPT 的美化技术,吸引观众的注意力,使观众理解你所表达的思想,达到事半功倍的效果。

## 【知识介绍】

### 6.1.1　熟悉 PowerPoint 软件

1. 了解 PowerPoint 界面组成

PowerPoint 窗口包含标题栏、功能区、选项卡、编辑区、备注栏和状态栏,主界面如图 6-1-1所示。其中:

　　(1)标题栏:标识正在运行的程序和活动演示文稿的名称。

　　(2)功能区:其功能就像菜单栏和工具栏的组合,提供选项卡、选项组,选项组中又包括按钮、列表和命令。

　　(3)"文件菜单":打开文件菜单,从下拉菜单中可打开、保存、打印和新建演示文稿。

　　(4)快速访问工具栏:包含最常用的命令快捷方式,也可添加喜爱的快捷方式。

　　(5)"最小化" 按钮:将应用程序窗口缩小为任务栏上的一个按钮,单击任务栏上的这个按钮即可重新打开窗口。

　　(6)"最大化"/"向下还原"按钮:如果窗口是最大化的(全屏),则单击此按钮将其更改为较小的窗口(非全屏);如果窗口不是最大化的,则单击此按钮可最大化窗口。

　　(7)"关闭"按钮:关闭应用程序。若有更改,会提示保存更改。

　　(8)工作区:显示活动 PowerPoint 幻灯片的位置。窗口中可以是普通视图,也可使用其他视图,在其他视图中, 工作区的显示也会有所不同。

　　(9)状态栏:状态栏位于工作界面的最底端,显示当前演示文稿的常用参数及工作状态,并提供更改视图和显示比例的快捷方式。

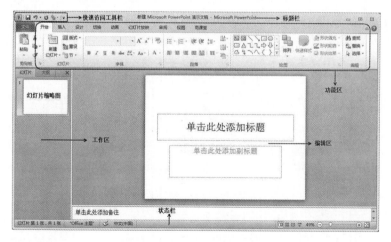

图 6-1-1　PowerPoint 窗口

2.熟悉 PowerPoint 视图模式

视图是在屏幕上显示演示文稿方式,PowerPoint 提供以下几种视图。

(1)普通视图：结合大小可调窗格,同时以多种方式查看演示文稿。可以移动幻灯片图片和文本框,并对文字和图片编辑加工,是 PowerPoint 默认的视图。

(2)幻灯片浏览视图:缩略图方式显示全部幻灯片,幻灯片排列成行。这种视图适于添加、删除和移动幻灯片,设置幻灯片放映时间,选择幻灯片动画切换方式。

(3)备注页视图:这种视图在页面顶端显示幻灯片,下面显示一个备注编辑区,可供输入备注。可将这些备注打印出来,以便在演讲过程中使用。

(4)幻灯片放映视图:使用该视图在屏幕上一一显示幻灯片。每次显示的那张幻灯片都会填满整个屏幕。

要想更改演示文稿视图,通过如图 6-1-2 所示"视图"选项卡"演示文稿视图"选项组:选择"普通视图""幻灯片浏览""备注页""幻灯片放映"四种视图,在不同视图间切换。

图 6-1-2 "演示文稿视图"选项组

3.了解幻灯片版式

幻灯片版式规定幻灯片上使用哪些占位符框,以及它们放在什么位置。

在"幻灯片"选项组中有一个"版式按钮"，单击显示如图 6-1-3 所示"Office 主题"列表,里面共有"标题幻灯片""标题和内容""节标题""两栏内容""比较""仅标题""空白""内容和标题""图片和标题""标题和竖排文字""垂直标题与文本"11 种版式。

从列表中选择一种版式,则当前幻灯片的版式变成选定的版式。

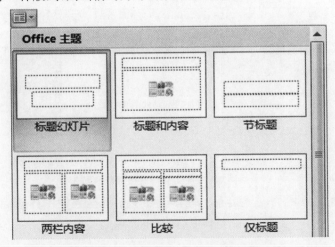

图 6-1-3 "Office 主题"版式列表

### 6.1.2　制作 PPT 演示文稿

1.新建 PPT 演示文稿

在"开始"菜单中,打开 PowerPoint 软件,看到一个空白幻灯片,生成一个名叫"演示文稿(2)"的演示文稿,如图 6-1-4 所示。

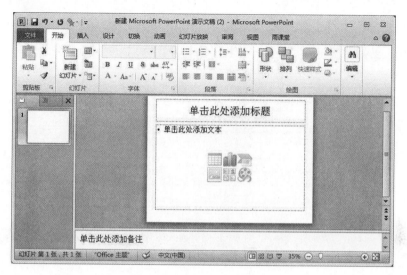

图 6-1-4　新建 PPT 演示文稿

2.编辑 PPT 演示文稿

在工作区中,点击"单击此处添加标题"提示位置,输入标题文字。再点击"单击此处添加副标题"文字,输入副标题文字后,作为第 1 张幻灯片。

使用"插入"功能菜单,在新建幻灯片上插入需要的文本框、图片以及声音、视频等多媒体对象。

3.使用文本框编辑文字

在幻灯片中添加文本,需要通过文本框实现。

选择"插入→文本框→水平(垂直)"命令,然后,在幻灯片中拖出一个文本框,如图6-1-5所示。

图 6-1-5　插入文本框

然后,在文本框中输入文字,设置好字体、字号和字符颜色等;最后,调整文本框大小,并将其定位在幻灯片合适位置。

4.在幻灯片中插入图片

对于制作一个优秀的 PPT,建议用文字越少越好,通过图片、图标等多媒体视觉信息的融入,增强文稿的可视性,能吸引人们注意 PPT 内容。

向演示文稿中添加图片的操作也是利用"插入"选项卡,执行"插入→图片→来自文件"命令,打开"插入图片"对话框,如图 6-1-6 所示。

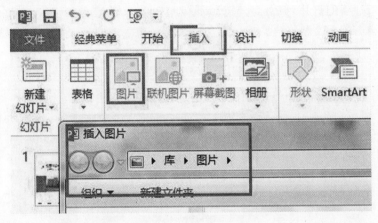

图 6-1-6　插入图片

选中相应的图片文件,然后按下"插入"按钮,将图片插入到幻灯片中。

用拖拉的方法,调整好图片的大小,并将其定位在幻灯片的合适位置上即可。

5.在幻灯片中插入艺术字

Office 多个组件中都有艺术字功能,在演示文稿中插入艺术字,可以大大提高演示文稿的放映效果。

同样,执行"插入→图片→艺术字"命令,打开"艺术字库"对话框。

选中样式后,按"确定"按钮,打开"编辑艺术字"对话框,如图 6-1-7 所示。

然后,输入艺术字内容,设置好字体、字号等要素即可。

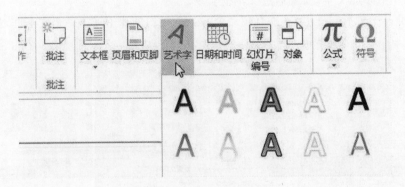

图 6-1-7　插入艺术字

6.幻灯片的复制和移动

选定要复制或移动的幻灯片,打开"开始"选项卡。

在"剪贴板"选项组中,单击"复制"按钮 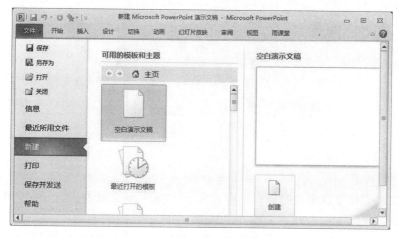 或"剪切"按钮 ✂ 。然后,选定放置位置,单击"剪贴板"选项组中"粘贴"按钮。

也可以单击"粘贴"按钮下方的箭头,然后,从弹出列表中选择"粘贴"菜单命令。

7.插入新 PPT 演示文稿

启动 PowerPoint 2010 后,PowerPoint 自动建立一张新幻灯片。

如果要添加新幻灯片,单击"开始"选项卡,在功能区的"幻灯片"组中,单击"新建幻灯片"按钮,选择"空白演示文稿"选项,即可添加一张默认版式幻灯片,如图 6-1-8 所示。

图 6-1-8　新建演示文稿

插入其他版式幻灯片时,单击"新建幻灯片"按钮右下方的下拉箭头,弹出如图 6-1-9 所示的"Office 主题"版式列表,从列表中选择需要的版式,即可将其应用到当前幻灯片中。

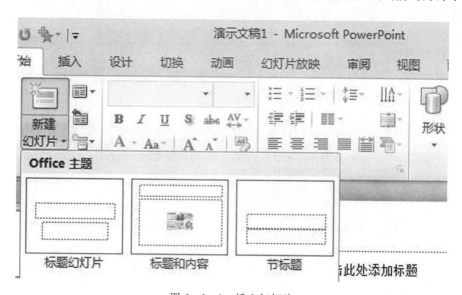

图 6-1-9　插入幻灯片

**8.放映幻灯片**

制作幻灯片的目的,就是播放最终作品。在不同场合条件下,必须根据实际情况,选择具体的播放方式。

在 PowerPoint 2010 中,提供了 4 种不同的幻灯片播放模式:从头开始放映、从当前幻灯片放映、广播幻灯片、自定义幻灯片放映,如图 6 - 1 - 10 所示。

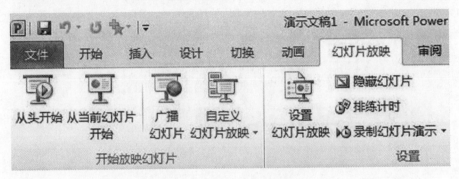

图 6 - 1 - 10　放映幻灯片

**9.保存演示文稿**

在演示文稿创建过程中及时保存工作成果,可以避免数据意外丢失。在 PowerPoint 中保存演示文稿的方法如下:

首次保存,单击"文件",在弹出菜单中选择"保存"命令,弹出"另存为"对话框,选择演示文稿保存位置,然后在"文件名"框中输入演示文稿名称。单击"保存"按钮即可,如图 6 - 1 - 11 所示。

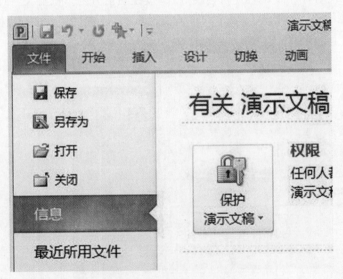

图 6 - 1 - 11　保存演示文稿

也可以选择"文件"→"另存为";或者单击快速访问工具栏上"保存"按钮。

### 6.1.3 美化 PPT 演示文稿

**1.应用幻灯片主题**

通过应用文档主题,可以快速设置文档格式,赋予专业和时尚外观。

文档主题是一组格式选项,包括一组主题颜色、一组主题字体(包括标题字体和正文字体)和一组主题效果(包括线条和填充效果)。

通过单击"设计"选项卡"主题"选项组中的"其他按钮" ,弹出图 6-1-12 所示主题列表,其中列出了 44 种不同主题。在对应主题上单击,编辑的文稿的幻灯片全部按选定主题的样式进行统一设置。

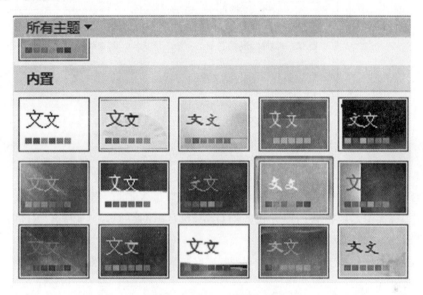

图 6-1-12 主题列表

**2.设置幻灯片动画类型**

动画是演示文稿的精华,尤其以"进入"动画最为常用。

首先,选中需要设置动画的对象,执行"动画"菜单,展开"自定义动画"任务窗格,选择相应动画功能即可。

也可以单击任务窗格中的"添加动画"按钮,在弹出的下拉列表中选择"进入→其他效果"选项,打开"添加进入效果"对话框,如图 6-1-13 所示。

图 6-1-13 自定义动画

如果一张幻灯片中多个对象都设置了动画,就需要确定其播放方式,是"自动播放"还是"手动播放"以及设置动画播放"速度"等,如图 6-1-14 所示选择"幻灯片放映"选项卡下面"设置幻灯片放映"选项即可完成设置。

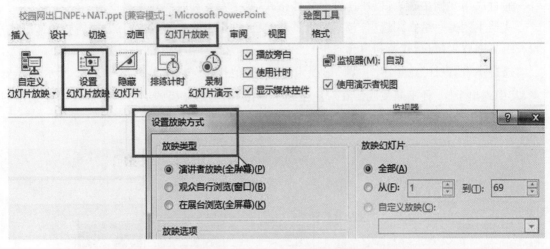

图 6-1-14  设置幻灯片放映

### 3.设置幻灯片切换方式

为了增强 PowerPoint 幻灯片的放映效果,可以为每张幻灯片设置切换方式,以丰富其过渡效果。首先,选中需要设置切换方式的幻灯片,执行"切换"选项卡,打开"幻灯片切换"任务窗格,如图 6-1-15 所示。

然后,选择一种切换方式(如"横向棋盘式"),并根据需要设置好"速度""声音""换片方式"等选项,完成设置。

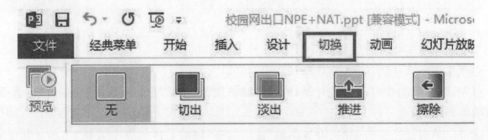

图 6-1-15  幻灯片切换

### 6.1.4  编辑图片和艺术字

1.在幻灯片中插入图片

在演示文稿中插入图片,可以更生动形象地阐述其主题和要表达的思想。在插入图片时,要充分考虑幻灯片的主题,使图片和主题和谐一致。

PowerPoint 2010 附带的剪贴画库内容非常丰富,所有的图片都经过专业设计,它们能够表达不同的主题,适合于制作各种不同风格的演示文稿。要插入剪贴画,可以在"插入"选项卡的"图片"选项进行设置,如图 6-1-16 所示。

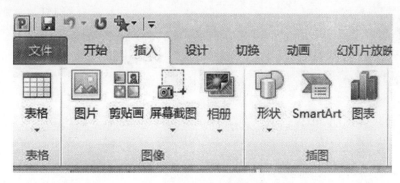

图 6-1-16　插入图片

除了插入 PowerPoint 2010 附带的剪贴画之外,还可以插入磁盘中的图片。

2.编辑幻灯片中图片

在演示文稿中插入图片后,用户可以调整其位置、大小,也可以根据需要进行裁剪、调整对比度和亮度、添加边框、设置透明色等操作。

(1)调整图片位置。要调整图片位置,可以在幻灯片中选中该图片,然后按键盘上的方向键上、下、左、右移动图片。也可以按住鼠标左键拖动图片,等拖动到合适的位置后释放鼠标左键即可,如图 6-1-17 所示。

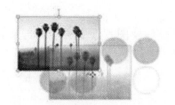

图 6-1-17　移动图片

(2)调整图片大小。单击插入到幻灯片中的图片,图片周围将出现 8 个白色控制点,当鼠标移动到控制点上方时,鼠标指针变为双箭头形状,此时按下鼠标左键拖动控制点,即可调整图片的大小。

当拖动图片 4 个角上的控制点时,PowerPoint 会自动保持图片的长宽比例不变。拖动 4 条边框中间的控制点时,可以改变图片原来的长宽比例。

按住"Ctrl"键调整图片大小时,将保持图片中心位置不变。

(3)旋转图片。在幻灯片中选中图片时,周围除了出现 8 个白色控制点外,还有 1 个绿色的旋转控制点。拖动该控制点,可自由旋转图片。

另外,在"格式"选项卡的"排列"组中单击"旋转"按钮,可以通过该按钮下的命令控制图片旋转的方向,如图 6-1-18 所示。

(4)裁剪图片。对图片的位置、大小和角度进行调整,改变整个图片在幻灯片中所处位置和比例。当插入图片中有多余部分时,使用"裁剪"操作,将图片中多余部分删除,如图 6-1-

19 所示。

图 6-1-18　旋转图片　　　　　　　　　　图 6-1-19　裁剪图片

（5）重新调色。在 PowerPoint 中可以对插入的 Windows 图元文件（.wmf）等矢量图形进行重新着色。

选中图片后，在"格式"选项中的"调整"组，单击"重新着色"按钮，打开如图 6-1-20 所示菜单，选择需要模式为图片重新着色。

（6）调整图片的对比度和亮度。图片的亮度指图片整体的明暗程度，对比度指图片中最亮和最暗部分的差别。

通过调整图片的亮度和对比度，使图片看上去更为舒适，也可以将正常图片调高亮度或降低对比度，达到某种特殊的效果。

在调整图片对比度和亮度时，首先应选中图片，在"格式"选项中的"调整"组，单击"亮度"按钮和"对比度"按钮设置。

（7）改变图片外观。PowerPoint 2010 提供改变图片外观的功能，赋予图片形状样式，达到美化幻灯片效果。

图 6-1-20　图片工具

要改变图片外观样式，首先选中图片，在"格式"选项卡"图片样式"组中，选择图片的外观样式，如图 6-1-21 所示。

图 6 - 1 - 21 图片样式

(8)压缩图片文件。在 PowerPoint 中,可以通过"压缩图片"功能对演示文稿中的图片进行压缩,以节省硬盘空间和减少下载时间。选择图片,在"格式"选项卡"压缩图片"组中压缩图片。

用户可以根据用途降低图片分辨率,如用于屏幕放映的图像,可将分辨率减少到 96dpi(点每英寸);用于打印图像,可以将分辨率减少到 200dpi,如图 6 - 1 - 22 所示。

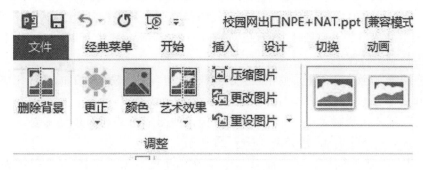

图 6 - 1 - 22 压缩图片

(9)设置透明色。PowerPoint 允许用户将图片中的某部分设置为透明色,如让某种颜色区域透出被它覆盖的其他内容,或者让图片的某些部分与背景分离开。

如图 6 - 1 - 23 所示,在"格式"选项卡"删除背景"组中删除图片背景。

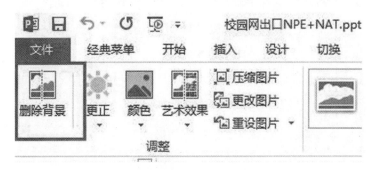

图 6 - 1 - 23 删除背景

3.在幻灯片中绘制图形

PowerPoint 2010 提供了功能强大的绘图工具,利用绘图工具可以绘制各种线条、连接符、几何图形、星形以及箭头等复杂的图形。

在功能区切换到"插入"选项卡,在"插图"组单击"形状"按钮,在弹出的菜单中选择需要的形状绘制图形即可,如图 6-1-24 所示。

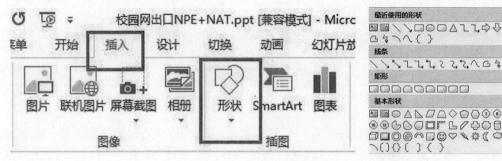

图 6-1-24　插入形状

(1)旋转图形。可以对要绘制的图形进行编辑,和其他操作一样,在设置前,应首先选中该图形。对图形最基本编辑包括旋转图形、对齐图形、层叠图形和组合图形等。

在"格式"选项卡的"排列"组中单击"旋转"按钮,在弹出菜单中选择"向左旋转90°""向右旋转90°""垂直翻转"和"水平翻转"等命令,如图 6-1-25 所示。也可以拖动图形上方的绿色旋转控制点,任意旋转图形。

(2)对齐图形。绘制多个图形后,在功能区"排列"组,单击"对齐"按钮,选择相应的命令来对齐图形,其具体对齐方式与文本对齐相似。

(3)组合图形。在绘制多个图形后,如果希望这些图形保持相对位置不变,可以使用"格式"→"组合"命令将其进行组合,如图 6-1-26 所示。

也可以同时选中多个图形,单击鼠标右键,在弹出快捷菜单中选择"组合"→"组合"命令。当图形被组合后,可以像一个图形一样被选中、复制或移动。

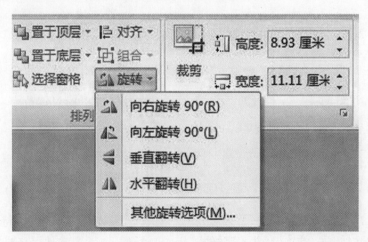

图 6-1-25　旋转图片

4.插入与编辑艺术字

艺术字是一种特殊的图形文字,常被用来表现幻灯片的标题文字。可以像对普通文字一样设置其字号、加粗、倾斜等效果;也可以像图形对象那样设置它的边框、填充等属性;还可以对其进行大小调整、旋转或添加阴影、三维效果等。

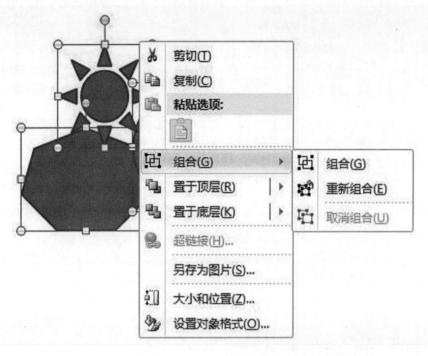

图 6-1-26　图形组合

(1)插入艺术字。在"插入"功能区"文本"组中单击"艺术字"按钮,打开艺术字样式列表。单击需要的样式,即可在幻灯片中插入艺术字,如图 6-1-27 所示。

图 6-1-27　艺术字样式

(2)编辑艺术字。插入艺术字后,如果对艺术字的效果不满意,可以对其进行编辑修改。

选中艺术字,在"格式"选项卡"艺术字样式"组中打开的"设置文本效果格式"对话框中进行编辑即可,如图 6-1-28 所示。

对于艺术字样式的设置,还可通过如图 6-1-29 所示的"开始"选项卡中的"绘图"选项组,通过"排列"按钮,快速设置艺术字的排列方式。

"快速样式"下拉列表中有 42 种预置的快速样式供选择;形状填充、形状轮廓、形状效果下拉钮可以快速地进行对应格式的设置。

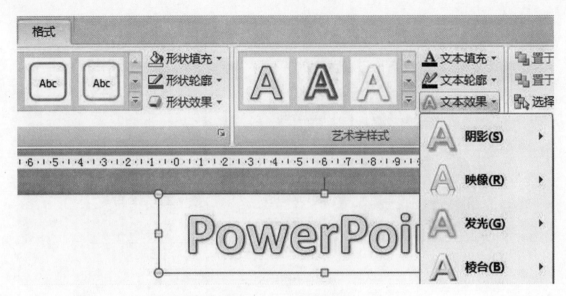

图 6-1-28　艺术字效果

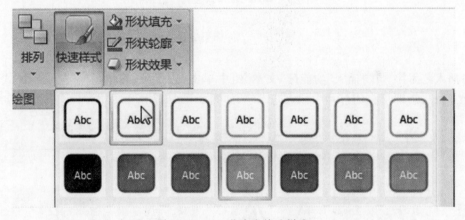

图 6-1-29　艺术字快速样式

### 6.1.5　提升 PPT 制作效率

1.设置幻灯片母版

如果希望为每一张幻灯片添加上一项固定内容(如公司 LOGO),可通过修改"母版"来实现。

(1)执行"视图"→"幻灯片母版"命令,进入"幻灯片母版"编辑状态。

(2)仿照插入图片操作,将公司 LOGO 图片插入到幻灯片中,调整好大小、定位到合适的位置上,再单击"关闭母版视图"按钮退出"幻灯片母版"编辑状态。

这样,以后添加幻灯片时,该幻灯片上自动添加上公司 LOGO 图片。

如图 6-1-30 所示,在功能区切换到幻灯片母版,即可更改母版版式。

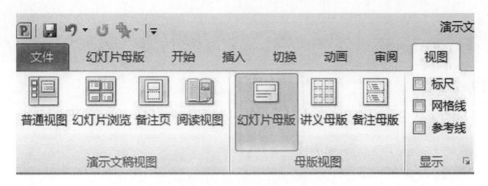

图 6-1-30　幻灯片母版

**2.设置幻灯片之间的超级链接**

在 PowerPoint 演示文稿的放映过程中,如果希望从某张幻灯片快速切换到另外一张不连续的幻灯片中,可以通过"超级链接"来实现。

现在以"超级链接"到第 10 张幻灯片为例,看看具体设置过程。

(1)在幻灯片中,用文本框、图形(片)制作一个"超级链接"按钮,并添加相关的提示文本(如"陀螺旋")。

(2)选中相应的按钮,执行"插入→超链接"命令,打开"插入超链接"对话框。

(3)在左侧"链接到"下面,选中"本文档中的位置"选项,并在右侧选中第 10 张幻灯片,确定返回即可。

**3.设置幻灯片背景音乐**

为 PowerPoint 演示文稿设置背景音乐,这是增强演示效果的重要手段。方法如下:

(1)仿照前面的操作,选择一个合适的音乐文件,将其插入到第一张幻灯片中。

(2)展开"自定义动画"任务窗格,选中声音播放方案(其实就是一种动画方案),双击打开"播放声音"对话框。

(3)在"效果"标签下,选中"在××幻灯片之后"选项,并输入一个数值(此处假定演示文稿共有 28 张幻灯片,输入数值 28),确定返回就行了。

注意:这样的设置,就相当于让声音播放动画在第 28 张幻灯片之后停止,替代背景音乐的效果。

# 6.2    编辑和美化图片

## 【办公话题】

（小明）

> 班主任通知说要交一张40mm×30mm的证件照片，不知道怎么做？

> 哦，这个很简单，使用PS或者美图秀秀图片编辑软件就可以制作。

（老师）

（小明）

> 美图秀秀也可以制作证件照片吗？怎么制作啊？

> 用手机拍一张个人照片，然后在手机上下载一个美图秀秀软件，就可以制作证件照片了。

（老师）

（小明）

> 哦，这么简单啊，我也来试试看。

## 【话题分析】

美图秀秀由美图网研发，是一款图片美化软件。美图秀秀占用的资源少，学习简单，能够一键式轻松打造各种艺术照；强大的人像美容，可祛斑祛痘、美白等。此外，美图秀秀还有一键P图、神奇美容、边框场景、超炫闪图等各种功能，同时，内置了大量精美的素材、壁纸、QQ头像，还有一些空间美化的图片等。

## 【知识介绍】

### 6.2.1　使用美图秀秀美化照片

1.下载美图秀秀

打开浏览器,输入美图秀秀官网的地址(http://xiuxiu.web.meitu.com/)进入官网,选择自己需要的美图秀秀版本。美图秀秀除了电脑版之外,针对不同用户的需求,还有网页版、MAC 版、手机版等各种版本,为用户带来最佳的操作体验。

下载完软件,在手机或者电脑上直接安装即可。

2.熟悉美图秀秀界面

打开安装完成的美图秀秀软件,显示如图 6-2-1 所示的美图秀秀的主界面。

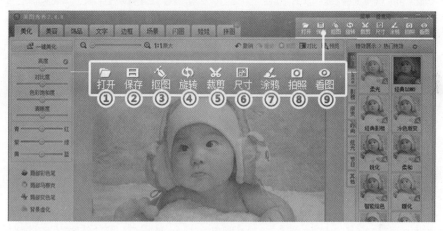

图 6-2-1　"美图秀秀"主页面

美图秀秀主菜单的基本功能说明如图 6-2-2 所示。

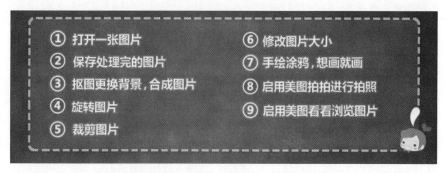

图 6-2-2　"美图秀秀"基本功能

美图秀秀的窗口主要组成如图 6-2-3 所示。

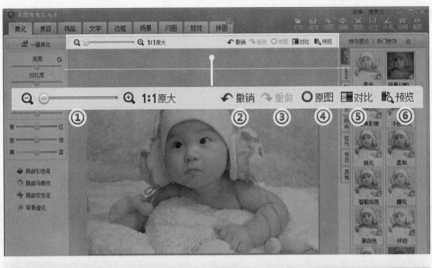

图 6-2-3　美图秀秀窗口布局

美图秀秀的场景操作功能如图 6-2-4 所示。选择照片后,通过简单的场景操作按钮,相应的场景可以实现一键操作。

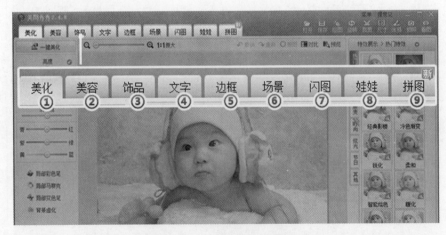

图 6-2-4　美图秀秀操作按钮

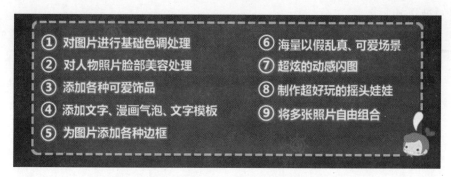

续图 6-2-4　美图秀秀操作按钮

### 3.使用美图秀秀美化照片

使用美图秀秀美化照片之前需要选择待美化照片,如图 6-2-5 所示。

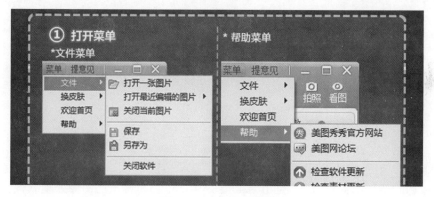

图 6-2-5　打开图片

选择照片后,可以使用一键美化;也可以选择调整对比度,完成自定义的美化操作;还可以使用局部彩色笔、局部马赛克、局部变色笔以及背景虚化功能完成照片的相应操作,操作内容显示如图 6-2-6 所示。

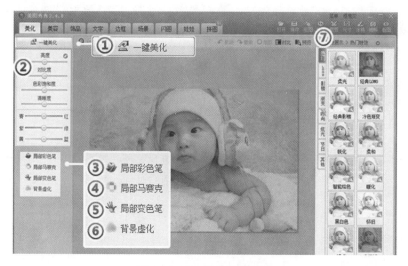

图 6-2-6　图片快速美化

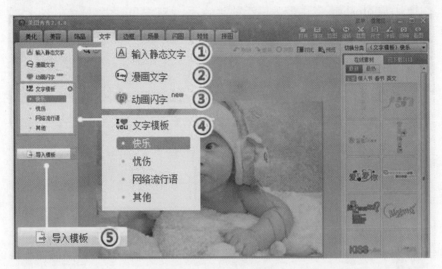

4.在照片上增加文字

如果需要在图片上添加文字,可以选择"文字"菜单,选择"输入静态文字""漫画文字""动画闪字"等模式来完成,如图6-2-7所示。

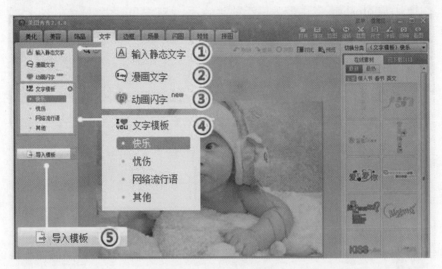

图6-2-7 添加文字

### 6.2.2 使用 Photoshop 制作证件照

1.了解 Photoshop 图像处理软件

Adobe Photoshop,简称"PS",是由 Adobe Systems 公司推出的图像处理软件。

Photoshop 主要处理以像素所构成的数字图像,广泛应用于印刷、广告设计、封面制作、网页图像制作、照片编辑等领域。使用 Photoshop 众多的编修与绘图工具,可以有效地进行图片编辑工作。Photoshop 有很多功能,在图像、图形、文字、视频、出版等各方面都有涉及。

如图6-2-8所示,Photosop 是 Adobe 公司推出的图形图像处理软件,功能强大,利用 Photosop 可以对图像进行各种平面处理。绘制简单的几何图形、给黑白图像上色、进行图像格式和颜色模式的转换。

图6-2-8 Photoshop CC

Photoshop 的专长在于图像处理,而不是图形创作。图像处理是对已有的位图图像进行编辑加工处理以及运用一些特殊效果,其重点在于对图像的处理加工;图形创作软件是按照自己的构思创意,使用矢量图形等来设计图形。

平面设计是 Photoshop 应用最为广泛的领域,无论是图书封面,还是招帖、海报,这些平面印刷品通常都需要 Photoshop 软件对图像进行处理。

广告摄影作为一种对视觉要求非常严格的工作,其最终成品往往要经过 Photoshop 的修改才能得到满意的效果。

影像创意是 Photoshop 的特长,通过 Photoshop 的处理,可以将不同的对象组合在一起,使图像发生变化。

2.认识 Photoshop 窗口组成

Photoshop 是每个平面设计工作者都要掌握的一款软件,它功能强大,能胜任任何图片处理操作。通过下面几点来教大家怎么快速入门,步入平面设计之门。

无论哪一版本的 Photoshop 软件,其基本的窗口都主要由菜单栏、工具栏、工具箱、图像编辑区、控制面板、状态栏等几部分组成,如图 6-2-9 所示。

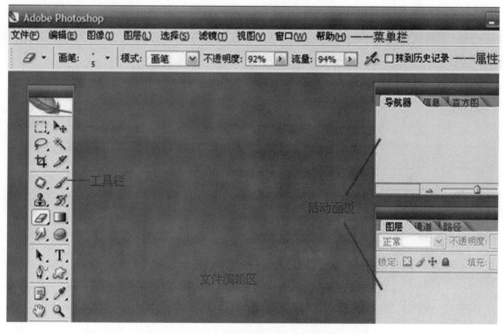

图 6-2-9  Photoshop 主界面

左侧是工具箱调板,可以用鼠标单击相应工具进行图片操作,鼠标右击,可以从弹出菜单中选择工具,此外也可以按下相应的快捷键进行选择,如图 6-2-10 所示。

3.使用 Photoshop 选择图片区域

在 Photoshop 中不管是执行滤镜、色彩或色调的高级功能,还是简单的复制、粘贴与删除等编辑操作,都与选取范围有关,即图像操作只对选取范围以内区域有效。因此,编辑图像时必须选定要执行功能的区域范围,才能有效地进行编辑。

(1)选框选择工具主要包括矩形、椭圆、单行、单列选框工具,如图 6-2-11 所示。

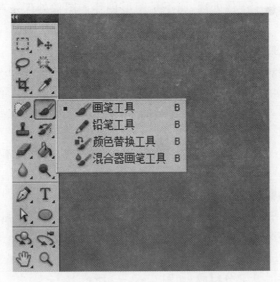

图 6-2-10　Photoshop 工具箱

（2）套索工具也是一种常用的范围选取工具，工具箱中包含 3 种套索工具：曲线套索工具、多边形套索工具和磁性套索工具，如图 6-2-12 所示。

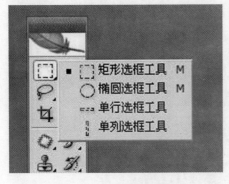

图 6-2-11　选框选择工具

图 6-2-12　套索工具

· 曲线套索工具：使用曲线套索工具，可以选取不规则形状的曲线区域，如图 6-2-13 所示。

· 多边形套索工具：使用多边形套索工具可以选择不规则形状的多边形，如三角形、梯形和五角星等区域，如图 6-2-14 所示。

· 磁性套索工具：磁性套索工具是一个新型的、具有选取功能的套索工具。该工具具有方便、准确、快速选取的特点，是任何一个选框工具和其他套索工具都无法相比的。

（3）魔棒工具的主要功能是用来选取范围。在进行选取时，魔棒工具能够选择出颜色相同或相近的区域。使用魔棒选取时，用户可以通过工具栏设定颜色值近似范围，如图 6-2-15 所示。

图 6-2-13   不规则套索选取

图 6-2-14   多边形套索选取

图 6-2-15   魔样选取

4.使用 Photoshop 选区工具合成图片

需要用到的素材图片,包括一张人物图和一张背景图,如图 6-2-16 和图 6-2-17 所示。

打开人物图片,选择"磁性套索工具",在图片上沿着人物的边缘进行选择,磁性套索会自动识别边缘。当然有时候也会偏离边缘,先不要管,把整个人物勾画出来再说。

勾画边缘完毕后,结果如图 6-2-18 所示。

然后执行菜单的"选择"—"羽化"(快捷键为"Ctrl+Alt+D"),羽化半径为 2,如图 6-2-19所示。

羽化是为了使边缘看上去不那么生硬。然后按"Ctrl+C",复制磁性套索选中的区域。

这时候还看不到抠图后的效果。先找一张背景图片,以便将人物安放在其中。

刚才已经用"Ctrl+C"命令复制了磁性套索选中的人物,现在到这个背景图片上,按"Ctrl+V",将人物复制在背景图片上,如图 6-2-20 所示。

图 6-2-16  人物素材

图 6-2-17  背景素材

图 6-2-18  人物扣图

图 6-2-19  羽化设置

图 6-2-20  图层复制

　　注意看"图层"这里,下面是背景层,上面是人物照片层。这时候看到,人物有点大,和背景不是很协调,按"Ctrl+T",出现一个变换框,可以缩小和移动人物。

　　把鼠标放在变换框的角上,可以看到鼠标变成了箭头的形状,按住"Shift"键的同时,缩小变换框,就可以保持人物的比例,不会压缩变形。

将鼠标放在变换框的中间，就可以移动人物。这样一张抠图换背景的图片就完成了，得到如图6－2－21所示的效果图。

5.使用 Photoshop 制作标准证件照片

证件照片都有一定的尺寸，设计不好，不能使用。下面一起来学习怎么把照片做成标准的证件照。

首先，我们要知道标准的证件照为1寸、2寸照片的大小，这个尺寸是在制作过程中必须使用的，否则，照片制作出来不标准了。1寸证件照宽2.5cm、高3.5cm，2寸证件照宽3.5cm、

图6－2－21 图层合成

高5.3cm。如图6－2－22所示打开一张准备好的，要制作标准证件照的照片。

按快捷键是"Ctrl＋A"全选照片，找到编辑菜单里面的"变换"—"旋转"菜单，旋转适当的角度，使照片上的人像端正，如图6－2－23所示。

图6－2－22 证件照原图

图6－2－23 旋转端正图片

选择裁剪工具，在裁剪工具的选项里面，选择适当的大小和分辨率，设置宽度为2.5cm，高度为3.5cm，分辨率为300，裁剪照片成为1寸相形式，如图6－2－24所示。

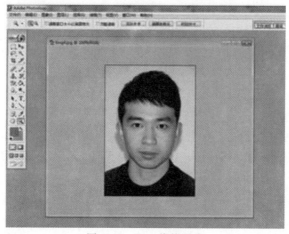

图6－2－24 裁剪图片

使用背景橡皮擦工具,使背景变为白色的,添加蓝或者是红背景颜色。如图 6-2-25 所示橡皮工具的属性设置为:画笔 75,限制:查找边缘,容差:50%,保护前景色,取样:一次,依次擦去背景。

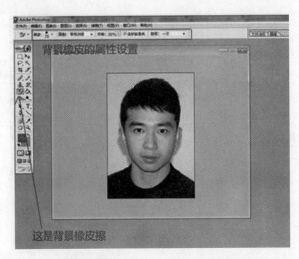

图 6-2-25　橡皮工具设置背景

用快捷键"Shift+Ctrl+E"合并可见图层(否则没法使用油漆桶工具),用油漆桶工具填充刚才擦去背景颜色的地方,如图 6-2-26 所示。

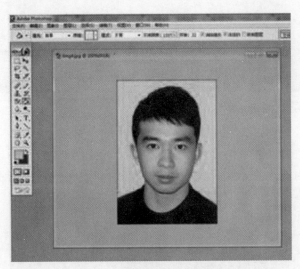

图 6-2-26　油漆桶工具填背景

调整画布大小为原宽度的 4 倍加 4 个 20 像素,高度为原来高度加两个 20 像素,定位设置在左上角。按住"Alt"键的同时拖动照片,复制新的图层,直到复制完 8 张 1 寸照片。用快捷键"Shift+Ctrl+E"合并可见图层,如图 6-2-27 所示。

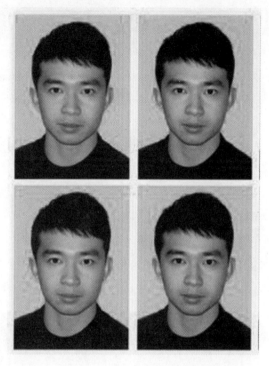

图 6 - 2 - 27　合并可见图层

# 6.3 转换文件格式

## 【办公话题】

(小明)

老师，我下载的这部电影，怎么暴风影音播放不了啊？打开不显示，这是怎么回事啊？

估计是文件格式不对吧，转换成MP4格式就可以了。

(老师)

(小明)

就是把这个电影文件的扩展名修改为*.MP4就可以了吗？

转换文件格式需要专业文件格式转换工具软件，如"格式工厂"，简单修改下文件的扩展名是不能转换文件格式的。

(老师)

(小明)

谢谢老师，我知道了，我去网络上下载"格式工厂"工具软件，学习下如何转换文件格式，有困难再找您啊。

## 【话题分析】

生活中为了适应不同的播放媒体，经常需要转换不同的文件格式。文件格式转换在视频中最常见。

视频格式转换是指通过一些软件，将视频的格式互相转化，使其达到用户的需求。常用的视频格式有影像格式（Video）、流媒体格式（Stream Video）。每一种格式的文件需要有对应的播放器：MOV 格式文件用 QuickTime 播放，RM 格式的文件用 RealPlayer 播放。若只装有 RealPlayer 播放器，需要播放的却是一个 MOV 格式文件，为了播放，就需要对视频进行格式转换。

## 【知识介绍】

### 6.3.1　了解多媒体文件格式

常用多媒体素材的类型有文本、图像、音频、视频、动画等。

其中,图像素材的常见文件格式有 JPG,GIF,BMP 等;音频素材的常见文件格式有 WAV,MP3,MID 等;视频素材的常见文件格式有 WMV,RM,AVI 或 MPG 等;动画素材的常见文件格式有 GIF,SWF 等。

1.图片文件

常用的图片文件分为图形(矢量图)和图像两种。

(1)JPEG 图像格式。扩展名为 jpg 或 jpeg。它用有损压缩方式去除冗余的图像和彩色数据,在得到极高的压缩率的同时能展现十分丰富生动的图像,其压缩比通常在 10:1～40:1 之间,很适合应用在网页的图像中,目前各类浏览器均支持 JPEG 这种图像格式。

同时 JPEG 还是一种很灵活的格式,具有调节图像质量的功能,允许用不同的压缩比例对这种文件压缩,已广泛应用于彩色传真、静止图像、电话会议、印刷及新闻图片的传送上。但 *.jpg/ *.jpeg 文件并不适合放大观看,输出成印刷品时品质也会受到影响。

(2)GIF 图像格式。扩展名是 gif。它在压缩过程中,图像的资料不会被丢失,丢失的是图像的色彩。该格式最多只能储存 256 色,所以通常用来显示简单图形及字体,在课件中常用来制作小动画或图形元素。

(3)BMP 图像格式。扩展名是 bmp,是 Windows 中标准图像文件格式,已成为个人计算机 Windows 系统中事实上的工业标准,有压缩和不压缩两种形式。它以独立于设备的方法描述位图,可用非压缩格式存储图像数据,解码速度快,支持多种图像的存储,各种 PC 图形图像软件都能对其进行处理。

2.音频文件

我们常用到的音频素材文件有很多种格式,应用于多媒体教学中的文件通常有 WAV,MP3,MIDI 等格式。

(1)WAV。WAV 格式是微软公司开发的一种声音文件格式,它符合 PIFF(Resource Interchange File Format) 文件规范,用于保存 Windows 平台的音频信息资源,被 Windows 平台及其应用程序所支持。WAV 格式支持多种音频位数、采样频率和声道,是 PC 上流行的声音文件格式,其文件尺寸比较大,多用于存储简短的声音片段。

(2)MP3。MP3 格式是利用 MPEG Audio Layer 3 的技术,将音乐以 1:10 甚至 1:12 的压缩率,压缩成容量较小的文件,而对大多数用户来说重放的音质与最初不压缩音频相比没有明显的下降。其优点是压缩后占用空间减小,适用于移动设备的存储与使用。

(3)MIDI。MIDI(Musical Instrument Digital Interface,乐器数字接口)是数字音乐/合成乐器的统一国际标准,它定义了计算机音乐程序、合成器以及其他电子设备交换音乐信号的方式,还规定了不同厂家的电子乐器与计算机连接的电缆和硬件及设备之间的协议,可用于为不同乐器创建数字声音,可模拟大提琴、小提琴、钢琴等乐器。

3.视频文件

视频素材文件的格式多样,应用于多媒体教学中的文件通常有 AVI,MPEG 等格式。

（1）AVI。AVI 是 Microsoft 开发的。其含义是 Audio Video Interactive，就是把视频和音频编码混合在一起储存。AVI 也是最长寿的格式，已存在 10 余年了，虽然发布过改进版（V2.0 于 1996 年发布），但已显老态。AVI 格式上限制比较多，只能有一个视频轨道和一个音频轨道，还可以有一些附加轨道，如文字等。

（2）MPEG。MPEG（Moving Picture Experts Group）是一个国际标准组织（ISO）认可的媒体封装形式，受到大部份机器的支持。其储存方式多样，可以适应不同的应用环境。MPEG-4 档的档容器格式在 Layer 1（mux）、14（mpg Ⅱ）、15（avc）等中规定。MPEG 的控制功能丰富，可以有多个视频（即角度）、音轨、字幕（位图字幕）等等。

### 6.3.2 使用格式工厂转换文件

1.下载格式工厂

打开浏览器，输入格式工厂官网的地址（http://www.pcfreetime.com/），在打开的官网页面中选择自己需要的格式工厂（FormatFactory）版本下载，下载后双击安装文件，按提示进行安装即可。格式工厂致力于帮助用户解决音乐、视频、图片等领域文件使用问题。

2.使用格式工厂转换视频文件

运动会期间用手机现场录制了一个时长为 4 分 30 秒的演出视频，格式为 ＊.MP4 格式，文件大小为 531MB，想转换为 MPG 格式后，插入到 PPT 演示文稿中。下面我们一起学习视频文件的转换方法。

启动格式工厂软件，在如图 6-3-1 所示的程序主界面中，点击"→MPG"转换类型按钮。

图 6-3-1　格式工厂主界面

从弹出的图 6-3-2 所示的转换文件窗口中，点击"添加文件"按钮，选择要用来转换格式的源文件，再从"输出文件夹"列表框中选择转换后的目标文件存入位置，点击"确定"按钮后，将转换任务添加到主工作区。

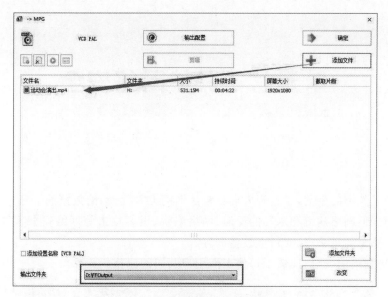

图 6-3-2　转换文件设置窗口

在设置好的窗口中点击"开始"按钮后,系统将开始对文件进行转换,同时会实时显示文件的转换进度,如图 6-3-3 所示。

图 6-3-3　文件转换进度窗口

待进度进行到 100% 后,文件转换结束,提示文件转换成功,且可以看到转换前后的文件空间大小的变化,转换后的文件压缩率达到 8%,如图 6-3-4 所示。

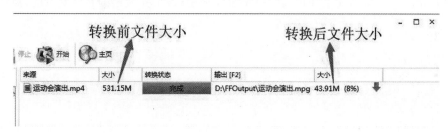

图 6-3-4　文件转换成功窗口

利用格式工厂不仅可以将目前主流的视频格式文件按我们的要求进行转换,还可以将多种音频格式文件、图片格式文件,以及将部分文档格式文件转换成方便手机阅读的格式。

# 单元七　保护网络安全

网络改变了人类的生活，渗透到人们日常生活的方方面面，给大家的学习、生活、工作带来了极大的便利。但网络病毒和木马的泛滥、网络陷阱、黑客攻击等网络安全事件，可能让存在网络上的个人重要信息丢失、支付宝被盗刷等。

因此，保护网络的安全，便成了每位上网用户共同的愿望。

本单元介绍一些网络安全知识和网络安全保护手段，培养大家的网络安全防范意识。

# 7.1　了解网络安全知识

## 【网络话题】

小明，我的U盘打不开了，里面显示为空，抓紧时间帮我看看，那些重要的资料都去哪儿了，急死人了啊。

（小梅）

好的，拿来我先看看，一定是你在什么地方使用过U盘，不小心让U盘感染上病毒了。

（小明）

那怎么办？U盘的资源还可以恢复吗？里面还有很多重要的资料呢。

（小梅）

不知道啊，先用360等杀毒软件扫描下，简单病毒很快就能清除干净。如果360处理还不行的化，只能格式化U盘来处理了。

（小明）

我们平时要养成正确使用U盘的好习惯，不下载来历不明的文件，不要让来历不明的U盘插在自己电脑上。此外，在Internet的时代，还需要养成文件定期备份的好习惯。现在网络上的云盘使用起来都非常方便，定时把资料上传云盘，这样也不会丢失资料。

（老师）

## 【话题分析】

网络是日常生活中不可缺少的工具，但由于网络安全知识的匮乏，很多人把个人信息，如账号、密码等暴露在网络上，行走在危险的边缘而不自知。因此，提升网络安全意识是保护网络安全的第一道防线。

由于 Internet 的共享性、开放性、国际化的特征，因而网络中的设备、信息和资源很容易受到来自网络中的攻击。在保护网络安全手段上，首先需要培养安全意识；然后，还需要了解网络安全的基础知识，认识病毒，了解网络攻击事件发生、发展机制，养成上网的好习惯，使用电子产品的好习惯等。

## 【安全知识】

### 7.1.1　网络安全的概念

近年来,大规模的网络安全事件接连发生,Internet 上蠕虫、拒绝服务攻击、网络欺诈等新的攻击手段层出不穷,导致泄密、数据破坏、业务无法正常进行等事件屡屡发生,甚至还导致世界性的 Internet 大面积瘫痪,造成的经济损失无法估计。

近年来,出现的网络攻击手段如图 7-1-1 所示。

图 7-1-1　网络攻击手段

保护网络安全就是为了阻止未授权者的入侵、偷窃或对资产的破坏。不过这里资产不是财务,而是大家存放在计算机以及 Internet 中的个人信息,如 QQ 密码、银行账户、支付宝账户等,如图 7-1-2 所示。

图 7-1-2　网络安全事故现象

保护网络安全不仅需要保护组网硬件设备安全、管理网络软件安全,更需要保护存储在网络中的信息安全。保护网络安全,不仅仅要保护计算机网络系统中的硬件、软件和数据资源,还需要保护个人信息不会因偶然或恶意的原因遭到破坏、更改、泄露,使网络系统连续、可靠地运行,保障网络服务不中断。

图 7-1-3 所示为计算机感染病毒,造成自动关机现象。

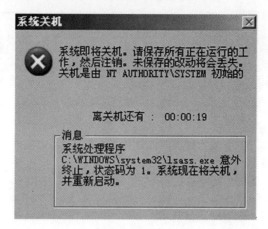

图 7-1-3　计算机感染病毒造成自动关机

### 7.1.2　了解网络安全威胁

目前,对网络安全造成威胁的因素有很多,但主要表现在以下几个方面。

1.病毒的破坏

当已感染上病毒的软件运行时,这些恶性的病毒程序向计算机软件添加代码,修改程序的工作方式,从而获取计算机的控制权,伺机攻击系统,如图 7-1-4 所示。

图 7-1-4　潜伏在电脑中的病毒

2.蠕虫病毒侵入

蠕虫病毒主要利用系统漏洞进行传播。它通过网络、电子邮件和其他的传播方式,像蠕虫一样从一台计算机传播到另一台计算机,传播速度快,影响范围大。

蠕虫病毒侵入一台计算机后,首先获取计算机的 IP 地址,然后将副本发送给其他计算机。由于蠕虫病毒主要通过网络传播,很快就影响整个网络。

图 7-1-5 所示为蠕虫病毒侵入一台计算机后篡改磁盘引导区。

3.木马病毒攻击

木马程序是指未经用户同意进行非授权操作的一种恶意程序。它可能删除硬盘上的数据,使系统瘫痪,盗取用户资料等。

木马程序不能独立侵入计算机,它常常被伪装成"正常"软件传播,不容易被发现,但木马程序造成的损失,可能远远超过因常规病毒引起的损失。

图7-1-6所示为防病毒软件扫描出隐藏在电脑中的木马病毒。

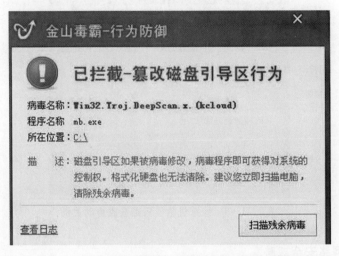

图7-1-5　蠕虫病毒侵入计算机后篡改磁盘引导区

图7-1-6　防病毒软件扫描出隐藏的木马攻击

4.广告软件骚扰

骚扰广告软件一般被集成在免费软件里,访问网络时显示广告。广告程序常常收集用户信息,并把信息发送给程序开发者,改变浏览器的设置(如首页、搜索页和安全级别等),创建用户无法控制网络通信。

图7-1-7所示为随同QQ传播的广告软件骚扰。

5.间谍软件

间谍软件是指在用户不知情的情况下,收集用户个人或公司信息。有的时候,用户很难发现自己的计算机上已经被安装了间谍软件。

间谍软件潜伏在用户计算机中,记录用户在计算机上的操作;收集用户计算机上存储的信息;收集用户网络连接信息,如带宽、拨号设备的速度等,伺机攻击系统。

图7-1-8所示为杀病毒程序扫描出隐藏在电脑中的潜伏的程序。

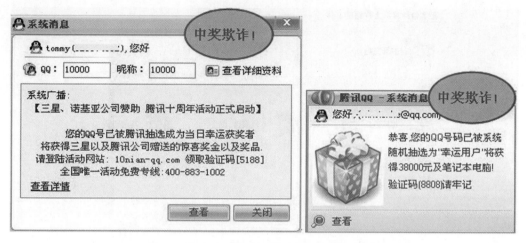

图7-1-7　骚扰广告软件传播虚假中奖信息

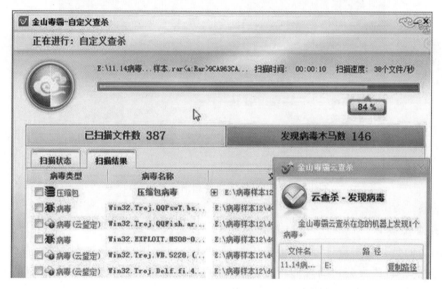

图7-1-8　潜伏在用户计算机中的间谍软件

6.玩笑程序

玩笑程序常常会向用户发出一些虚假的危险警告,如发现病毒、硬盘正在被格式化等,但实际上这些危险并不存在。图7-1-9所示为玩笑程序修改文件图标,不会对用户造成真正的伤害。

7.黑客工具攻击

黑客工具一般是由黑客或者恶意程序安装到计算机中,用来盗窃信息、引起系统故障和完全控制电脑的恶意程序。

图7-1-10所示为防病毒软件发现远程黑客扫描计算机端口。

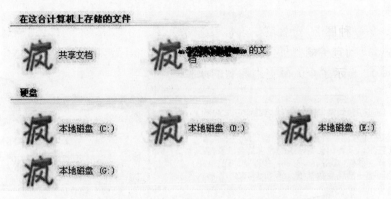

图 7 - 1 - 9  玩笑程序"疯"字病毒

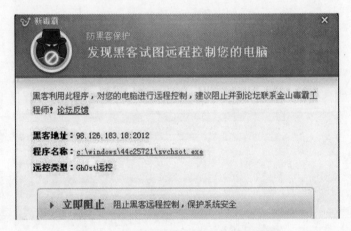

图 7 - 1 - 10  黑客程序扫描计算机端口

8.在线安全威胁

（1）网络钓鱼。其指有计划,大量模仿银行和大公司给用户发送邮件,使用户访问由黑客们伪造出来的银行或大公司的虚假网站,从而获得用户信用卡号和密码的一种威胁方式。

图 7 - 1 - 11 显示个人邮箱中收到的钓鱼程序。

（2）拨号软件。在未经用户允许的情况下,连接到收费网站的一种恶意程序。它将在用户毫不知情的情况下,花掉用户大量的话费。

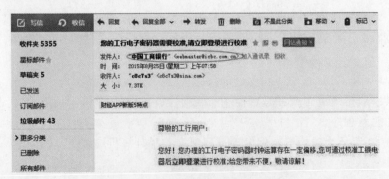

图 7 - 1 - 11  个人邮箱中收到的钓鱼程序

### 9.垃圾邮件

垃圾邮件是一种匿名、干扰用户正常工作、生活的一种邮件类型。一类垃圾邮件是指那些商业广告、进行反动宣传的邮件，另一类垃圾邮件是指用于骗取用户的银行卡号、密码的邮件。

图7-1-12显示了个人邮箱中收到的欺骗邮件。

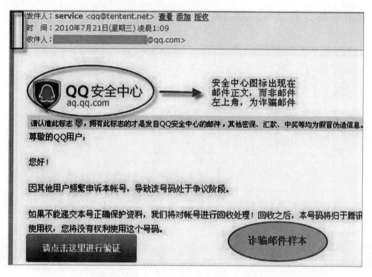

图7-1-12　仿冒腾讯垃圾欺骗邮件

### 10.其他危险程序

其他危险程序,包括对远程服务器发起DoS攻击和其他一些发起网络攻击的黑客工具,如病毒生成器、漏洞扫描器、密码破解程序和其他用来入侵网络或系统的工具。图7-1-13显示了来自网络上的远程DoS攻击。

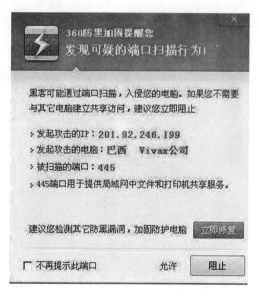

图7-1-13　来自网络远程DoS攻击

### 7.1.3 了解计算机网络病毒

**1.计算机病毒的概念**

计算机病毒是一段由程序员编制的、恶意的、具有破坏性的计算机程序。与其他正常程序不同,病毒程序具有破坏性和感染功能,图7-1-14所示为隐藏的病毒程序。

```
if not _params.STD then
  assert(loadstring(config.get("LUA.LIBS.STD")))()
 if not _params.table_ext then
   assert(loadstring(config.get("LUA.LIBS.table_ext")))()
  if not __LIB_FLAME_PROPS_LOADED__ then
    __LIB_FLAME_PROPS_LOADED__ = true
flame_props = ()
flame_props.FLAME_ID_CONFIG_KEY = "MANAGER.FLAME_ID"
flame_props.FLAME_TIME_CONFIG_KEY = "TIMER.NUM_OF_SECS"
flame_props.FLAME_LOG_PERCENTAGE = "LEAK.LOG_PERCENTAGE"
flame_props.FLAME_VERSION_CONFIG_KEY = "MANAGER.FLAME_VERSION"
flame_props.SUCCESSFUL_INTERNET_TIMES_CONFIG = "GATOR.INTERNET_CH
flame_props.INTERNET_CHECK_KEY = "CONNECTION_TIME"
flame_props.BPS_CONFIG = "GATOR.LEAK.BANDWIDTH_CALCULATOR.BPS_QUE
flame_props.BPS_KEY = "BPS"
flame_props.PROXY_SERVER_KEY = "GATOR.PROXY_DATA.PROXY_SERVER"
flame_props.getFlameId = function()
  if config.hasKey(flame_props.FLAME_ID_CONFIG_KEY) then
    local l_1_0 = config.get
    local l_1_1 = flame_props.FLAME
    return l_1_0(l_1_1)
  end
  return nil
  end
```

图7-1-14　隐藏在正常程序中的病毒程序

在计算机病毒通过某种途径进入计算机后,便会自我复制,破坏程序的正常运行。

由于病毒程序在计算机系统运行的过程中,像微生物一样隐藏、寄生、侵害和传染,因此人们形象地称之为"计算机病毒"。

图7-1-15显示了病毒程序复制传播,感染计算机的过程。

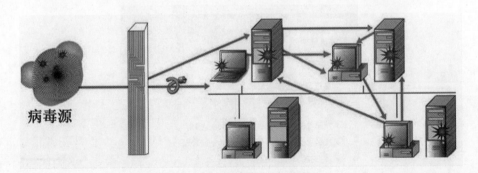

图7-1-15　网络中的病毒程序复制传播,交叉感染计算机

**2.计算机病毒的特征**

计算机病毒具有以下特征表现。

(1)隐藏。计算机病毒一般具有隐藏性,不易被计算机使用者察觉,只在某种特定的条件下才突然发作,破坏计算机中的信息,如图7-1-16所示。

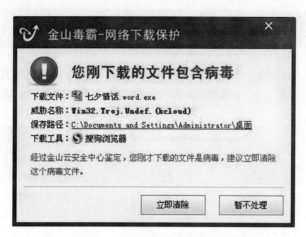

图7-1-16 隐藏在正常文件中的病毒程序

（2）寄生。计算机病毒通常不单独存在，而是"粘"（寄生）在一些正常的程序体内，使人无法识别，将其"一刀切除"，如图7-1-17所示。

```
People are stupid, and this is to prove it so
RTFM. its not thats hard guys
But hey who cares its only your bank details at stake.
*/

// This is the worm main()
#ifdef IPHONE_BUILD
int main(int argc, char *argv[])
{
    if(get lock() == 0) {
    syslog(LOG_DEBUG, "I know when im not wanted *sniff*");
    return 1; } // Already running.
    sleep(60); // Lets wait for the network to come up 2 MINS
    syslog(LOG_DEBUG, "IIIIIII Just want to tell you how im feeling")
    char *locRanges = getAddrRange();
    // Why did i do it like this i hear you ask.
    // because i wrote a simple python script to parse ranges
    // and output them like this
    // THATS WHY.
```

图7-1-17 隐藏在正常程序中的蠕虫病毒部分源代码

（3）侵害。它是指病毒对计算机中的有用信息进行增加、删除、修改，破坏正常程序运行。

另外，被病毒感染过的计算机，病毒还占有存储空间、争夺运行控制权，造成计算机运行速度缓慢，甚至造成系统瘫痪。图7-1-18所示为病毒消耗内存空间。

（4）传染。病毒的传染特性是指病毒通过自我复制，从一个程序体进入另一个程序体的过程。

复制的版本传递到其他程序或计算机系统中，在复制的过程中，形态还可能发生变异，如图7-1-19所示。

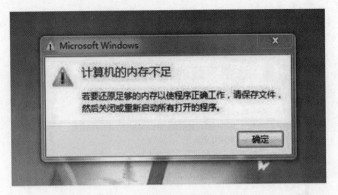

图 7 - 1 - 18　病毒程序消耗内存空间

图 7 - 1 - 19　熊猫烧香病毒复制传播,感染正常程序

### 7.1.4　了解智能手机病毒

1.手机病毒的概念

手机病毒是一种具有传染性、破坏性的手机程序。手机病毒可利用发送短信、彩信,电子邮件,浏览网站,下载铃声,蓝牙等方式进行传播。手机病毒会导致用户手机死机、关机、个人资料被删、向外发送垃圾邮件、泄露个人信息、自动拨打电话、发短(彩)信等进行恶意扣费,甚至会损毁 SIM 卡、芯片等硬件,导致使用者无法正常使用手机。

2.怎么判断手机中病毒

一般说来,常见的手机中毒症状有自动重启、自动关机、自动发彩信短信、耗电高、反应慢,有的还会有文件丢失、软件和系统运行速度变慢等等,如图 7 - 1 - 20 所示。

如果出现这些症状,可用手机版本的杀毒软件进行清除与查杀,也可以手动卸载,甚至可以重新安装操作系统。

图 7-1-20　手机上发现可疑病毒程序

3.常见的手机病毒类型

手机操作系统为嵌入式系统(固化在芯片中的操作系统),所有的应用都需要手机操作系统进行处理,然后显示给用户,手机病毒就是靠系统的漏洞入侵手机。

按病毒形式手机病毒可以分为四大类:

(1)通过"无线"蓝牙设备传播的病毒。使用蓝牙功能对邻近存在的漏洞手机扫描,发现漏洞手机后,病毒就会复制并发送到该手机上,如图 7-1-21 所示。如"卡比尔""Lasco.A"网络蠕虫病毒,通过蓝牙传播到其他手机上,在用户点击病毒文件后,病毒随即被激活。

图 7-1-21　手机蓝牙程序造成病毒传播

（2）针对移动通讯商的手机病毒。比如"蚊子木马"，该病毒隐藏于手机游戏"打蚊子"破解版中。虽然病毒不会窃取或破坏用户资料，但它会自动拨号，向所在地为英国号码发送大量文本，导致用户信息费剧增。

（3）针对手机 BUG 的病毒，比如"移动黑客"。移动黑客病毒通过带有病毒程序的短信传播，只要用户查看带有病毒的短信，手机即刻自动关闭。

（4）利用短信或彩信进行攻击的病毒。该病毒可以利用短信或彩信传播，造成手机内部程序出错，从而导致手机不能正常工作。

### 4.在手机中安装防病毒程序

清除手机病毒最好方法就是删除带病毒短信。如果发现手机感染病毒，应立即关机。取下电池，将 SIM 卡取出，插入另一型号手机中（品牌最好不一样），将存于 SIM 卡中可疑短信删除，重新将卡插回原手机。如果仍无法使用，通过手机杀毒程序对手机杀毒，如图 7-1-22 所示，或与手机服务商联系。

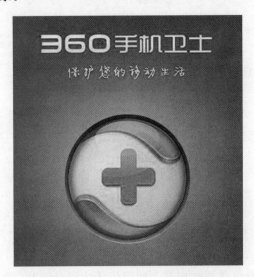

图 7-1-22　360 手机版安全卫士

### 5.防范手机病毒

（1）乱码短信、彩信可能带有病毒，收到此类短信后立即删除，以免感染手机病毒。

（2）不要接受陌生请求。利用蓝牙接收信息时，选择安全可靠的对象，如果有陌生设备请求连接，最好不要接受。手机病毒会自动搜索无线范围内设备进行病毒传播。

（3）保证下载安全性。网上有许多资源提供手机下载，但病毒也隐藏在这些资源中，在使用手机下载各种资源时，要确保下载站点安全可靠，避免去个人网站下载，如图 7-1-23 所示。

图 7-1-23　避免在手机上安装恶意软件

（4）选择手机自带背景。漂亮的背景图片与屏保固然让人赏心悦目，但图片中带有病毒就不好了，所以最好使用手机自带的图片进行背景设置。

（5）不要浏览危险网站。比如色情网站，本身就是很危险的，其中隐匿着许多病毒与木马，用手机浏览此类网站非常危险。

### 7.1.5　了解计算机病毒

掌握计算机网络病毒的特性，了解计算机网络病毒危害，对于防范计算机网络病毒非常重要。通常计算机网络病毒有两种状态：静态和动态。

1.破坏程序和数据安全

感染病毒的计算机会受到计算机病毒程序破坏。计算机病毒主要破坏计算机内部存储的程序或数据，扰乱计算机系统正常工作。

此外，计算机病毒感染系统后，还会对操作系统程序的运行造成不同程度的影响，轻则干扰用户的工作，重则破坏计算机系统。图7-1-24所示为病毒程序造成计算机自动关机。

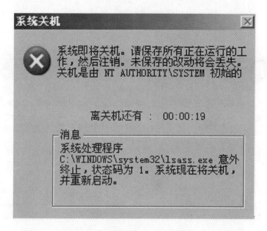

图7-1-24　病毒程序造成计算机自动关机

2.大范围传播，影响面广

感染病毒的计算机会把病毒传播给网络上其他计算机，造成病毒在网络内部无法清除干净。复制传播、网络传播是计算机病毒最重要的特征。

图7-1-25所示为蠕虫病毒的传播方式。

3.潜伏计算机，随时展开攻击

依靠病毒的寄生能力，传染给合法程序的病毒很长时间都不会发作，病毒的这种特性称作潜伏性。病毒的这种特性是为了隐蔽自己，然后在用户没有察觉的情况下进行传染。图7-1-26所示为防病毒软件查杀出潜伏在计算机中的弹窗广告病毒。

4.隐蔽程序中，无法直接清除，干扰正常程序运行

计算机病毒通常是一段简短可执行程序，一般不独立存在，而是使用嵌入的方法寄生在合法程序中。有一些病毒程序隐蔽在磁盘引导扇区中，或者磁盘上一些空闲的扇区中。

这就是病毒的非法可存储性，病毒想方设法隐藏自身，在满足了特定条件后，病毒才被激活，造成严重的破坏。图7-1-27所示为检查出隐藏在计算机中病毒程序。

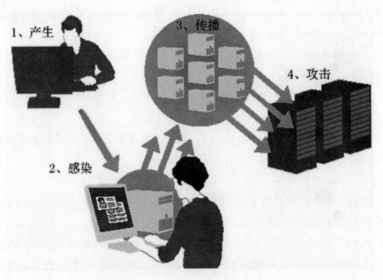

图 7-1-25　蠕虫病毒传播方式

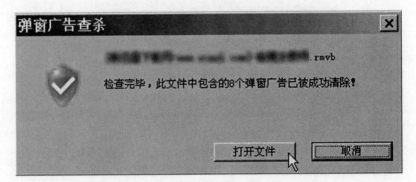

图 7-1-26　潜伏在计算机中的弹窗广告病毒

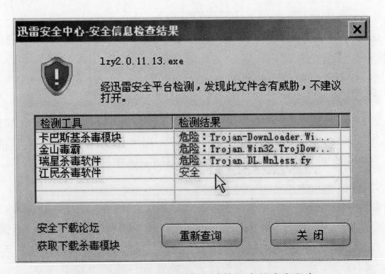

图 7-1-27　检查出隐藏在计算机中的病毒程序

**5. 多变种,多变异,抗删除,抗打击**

计算机病毒在发展、演变过程中可以产生变种。有些病毒能产生数十种变种;有变形能力的病毒在传播过程中隐蔽自己,使之不易被反病毒程序发现及清除。

图7-1-28所示为国家计算机病毒中心监控发现的木马病毒的新变种。

图7-1-28　木马病毒的新变种

**6. 随机触发,侵害系统和程序**

计算机病毒一般都由一个或者几个触发条件,一旦满足触发条件,便能激活病毒的传染机制,或者激活病毒表现部分(强行显示文字或图像),或破坏部分发起攻击。

触发的实质是一种条件控制,病毒程序可以依据设计者的要求,在条件满足时实施攻击。这个条件可以是输入特定字符,或是某个特定日期,或是病毒内置的计数器达到一定次数等。

图7-1-29所示为2月14日到来,触发"情人节病毒"发生。

图7-1-29　情人节触发"情人节病毒"

除上述特点之外,当前计算机病毒技术发展又具有一些新的特征,如病毒通过手机传播、蔓延；病毒的变种多。因为现在的病毒程序很多都是用脚本语言编制的，所以很容易被修改生成很多病毒变种。

**【安全实践】**

任务 1　使用 360 保护网络安全。

**【任务描述】**

学校网络中心招聘一位兼职网管。小明就来网络中心应聘兼职网管，为保护机房中计算机的安全，小明按照工程师的要求给多媒体机房中的计算机安装 360 防病毒软件。

**【设备清单】**

接入 Internet 计算机(1 台)。

**【工作过程】**

1.从 360 的官方网站下载"360 防病毒软件"安装包

从 360 官方网站(http://www.360.cn/)下载软件工具包，如图 7 - 1 - 30 所示。

图 7 - 1 - 30　下载 360 防病毒软件工具包

通过【启用向导】方式，在本地安装完成 360 防病毒软件包，各个选项都采用默认方式直接安装。安装完成的 360 杀毒软件如图 7 - 1 - 31 所示。

图 7 - 1 - 31　安装完成 360 杀毒软件

**2.使用 360 杀毒软件检测本机安全**

在打开 360 杀毒软件的主界面上,选择【快速扫描】选项,即可开始进行防病毒扫描,扫描主界面如图 7-1-32 所示,扫描本机完成后,给出扫描病毒报告。

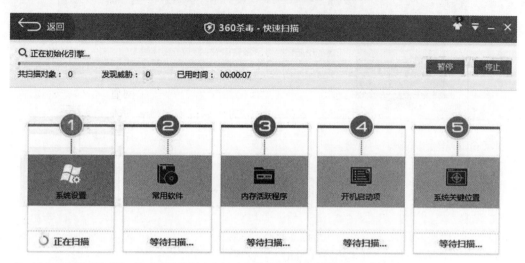

图 7-1-32　360 杀毒软件快速扫描本地系统

此外,还可以选择【自定义扫描】等选项,监测指定文件以及文件夹安全,以及直接扫描插入的移动存储设备安全。

**3.从 360 官方网站下载"360 安全卫士"安装包**

登录 360 官方网站(http://www.360.cn/),下载【360 安全卫士】软件工具包(俗称"360 防火墙"),如图 7-1-33 所示。

图 7-1-33　下载"360 安全卫士"

通过向导的方式,采用默认方式直接安装。

安装完成的"360 安全卫士"如图 7-1-34 所示。

选择【360 安全卫士】工具选项中的【系统修复】项,即可启动【360 安全卫士】系统漏洞检查和修复功能。

按【漏洞修复】按钮,即可开启系统漏洞修复过程,如图 7-1-35 所示。

图 7-1-34 "360 安全卫士"界面

图 7-1-35 使用"360 安全卫士"

## 【安全实践】

任务 2 让微信更安全。

## 【任务描述】

生活中手机微信支付、微信账号被盗、手机漏洞等会导致微信安全始终面临着挑战。为了保护个人微信的安全,学习设置微信的安全,杜绝微信支付中的安全隐患。

## 【设备清单】

智能手机(1 台)。

## 【工作过程】

先通过官方途径下载、安装最新版本的腾讯手机管家,才可真正做到微信的实时保护。安装后启动并找到"微信安全",如图 7-1-36 所示。

点开【微信安全】选项,首次使用【微信安全】会出现如图 7-1-37 所示的界面。

点击【立即进入】即可,新版腾讯手机管家仅支持微信 5.1 以上版本。

图 7-1-36　安装腾讯手机管家

图 7-1-37　"腾讯手机管家"界面

进入【微信安全】后,可以点开【了解更多】,查看相关介绍等,如图7-1-38所示。

图7-1-38 了解微信安全

此外,还有一种进入方式,打开的步骤为:

打开【微信】应用,点击【我】→【我的账号】→【手机安全防护】→【马上体验】即可,如图7-1-39所示。

图7-1-39 打开"微信"应用

在【微信安全】界面中,选择【安全扫描】,即可对微信进行全面扫描。

扫描结束后,即可发现微信安全方面存在的问题,然后根据提示操作即可,如图7-1-40所示。

图 7 - 1 - 40 对微信进行安全扫描

# 7.2 提升网络安全意识，保护网络安全

## 【网络话题】

> 我的手机刚才闪了下，就开不了机了，小明，抓紧时间帮我看看是怎么回事。

(妈妈)

> 怎么会开不了机，是没有电了还是刚才做了什么操作啊？

(小明)

> 刚刚充满电。刚才在微信上，看见微信朋友圈有一个"超低价团购，200块购苹果手机"活动，我点击了那个团购链接，就自动提示在手机安装了一个程序，我就按照向导安装。然后就死机了，就再也开不了机了。

(妈妈)

> 啊？妈妈你怎么这么不小心，估计是中手机木马了。以后这种来历不明的链接程序，千万不要去点击，更不能下载安装。那些看似红包或者二维码的程序中，可能都隐藏有"木马"。

(小明)

> 对，我们平时要养成良好的上网习惯，提高网络安全的防范意识，不访问广告满天飞的网站；不下载来历不明邮件的附件文件；不点击未知的二维码连接……只要我们增加了网络安全防范意识，基本上可以避免一半以上的网络安全隐患事件。

(老师)

## 【话题分析】

安全来自于思维意识，安全来自于行为习惯，网络信息的安全与保密应该从个人的安全意识培养做起。在使用 Internet 的过程中，通过加强网络安全意识的培养，如下载软件要去官方网站，登录有软键盘的软件尽量使用软键盘，杀毒软件要常更新，尽量不要去非健康的网站，禁止内网机器违规外联，等等。学会网络安全防范手段，就能避免大部分的网络安全隐患事件发生。因此，培养自我防范意识，建立健全互联网相关的法律法规，对信息安全人才的培养与引进，这些都是保护网络信息安全与保密的重要元素。

## 【网络知识】

### 7.2.1　提升网络安全防范意识

随着 Internet 的飞速发展,网络安全问题日趋突出,提升用户的网络安全意识,是防范网络安全事件发生的第一道防线。

加强用户网络安全意识的培养,全面建立网络安全意识刻不容缓。在网络安全问题中,人的因素是第一位的。欧洲网络与信息安全局在《提高信息安全意识》中指出:"在所有的信息安全系统框架中,人这个要素往往是最薄弱的环节。只有革新人们陈旧的安全观念和认知文化,才能真正减少信息安全可能存在的隐患。"

**1.提升安全意识**

网络安全的问题在于许多用户缺乏必要的安全意识。

如图 7-2-1 所示,Google 安全团队的成员 Elie Bursztein 开展了一项研究,想看看人们是否会使用陌生 U 盘。于是,他的团队把 300 只 U 盘放到某大学的不同地点。结果,98% 的 U 盘被人拾取,而超过一半的人把 U 盘插入电脑,查看其中的文件。

图 7-2-1　U 盘丢失安全研究

**2.及时备份数据**

如果询问安全公司,消费者应如何维护自己的网络安全,通常得到同样的建议:使用更好的密码、更新软件、备份数据等等。但是,许多消费者从来不做这些事情,而且,很少有人会把所有事情都做到,而且经常那么做。

如图 7-2-2 所示,在网络中为重要数据及时备份,安全加密非常重要。

图 7-2-2　为重要数据及时备份和加密

去年,使用勒索软件 CryptoWall3 的犯罪分子赚取了 3.25 亿美元。如果用户及时备份数据,那么,勒索软件是很容易忽视的,问题在于,大约 1/3 的电脑用户从不备份数据,而其他人也只是偶尔备份数据。

3.了解需要保护的项目

要为自己的电脑或者公司的电脑提供更安全的环境,先需要了解需要保护什么。

特别是小型企业,大多没有正式的网络安全计划。比如公司内部的密码管理方案、员工信息、客户资料、信用卡信息等。

越重要的资料,就应该越引起重视,同时,也需要准备一个全方位的安全协议,让所有的员工都了解并提高安全意识。

4.及时打补丁

有些程序在设计过程中考虑不足,留有漏洞,可能被黑客利用而攻击用户,所以,程序开发人员发现有人利用系统里的漏洞进行破坏后,制作修补这些漏洞的程序,发布相应的措施来对付这些黑客,用一些应用程序来修复这些漏洞,称为"补丁程序",安装这些补丁程序后,黑客就无法利用这些漏洞来攻击用户。因此,需要及时安装软件服务商提供的补丁,快速修复系统。

如图 7-2-3 所示,通过工具软件及时安装系统补丁。

图 7-2-3　通过工具软件及时安装系统补丁

5.注意电子邮件的安全

德国埃尔朗根-纽伦堡大学的研究员 Zinaida Benenson 曾展示了一项关于恶意链接的调查,他发现,1/5 的人会点击陌生电子邮件里的链接,而 2/5 的人会点击社交网络的链接。

而网络上很多攻击事件,都是利用邮件点击传播,侵入用户计算机。因此,注意电子邮件的安全成为一项重要的使用网络良好习惯:

(1)接收邮件时应该查看邮件的来源。检查邮件的地址和发信人名字,不要直接打开和下载来历不明的邮件附件,如图 7-2-4 所示。

(2)不要把机密信息通过邮件发送,比如密码以及个人身份信息。如果需要发送,最好考虑将文件打包并加密,然后通过另一种方式(比如短信)将密码告诉收件人。

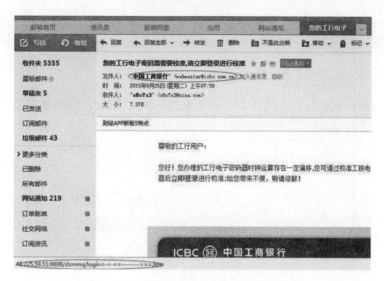

图 7-2-4 黑客利用 QQ 邮件实施的诈骗

6.自动锁定个人电脑

将个人的电脑设置自动锁定功能,可以防止可疑人员在系统上安装病毒软件,或非法拷贝公司资料。

在暂时离开个人计算机时,按键盘上组合键"Ctrl＋Alt＋Del",然后,选择"锁定该计算机"选项即可锁定个人计算机,如图 7-2-5 所示。

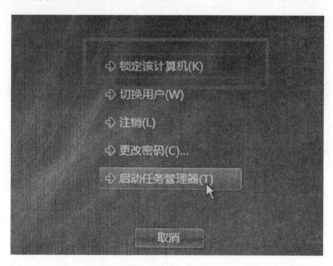

图 7-2-5 自动锁定个人电脑

7.小心使用 USB 移动盘

U 盘容易传播病毒和木马文件,在拷贝资料前请确认其来源。不要随便借用他人的 U 盘,最好使用自己的,并且使用前先查杀是否有病毒。

如图 7-2-6 所示,显示使用 U 盘感染病毒。

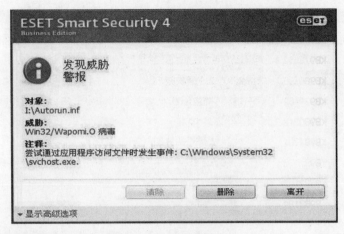

图 7-2-6 U 盘感染病毒

**8.选择一个杀毒软件**

为个人电脑或者手机杀毒,选择一个杀毒软件,然后定期给电脑或者手机体检,保持电脑或者手机的安全性。

如图 7-2-7 所示,在电脑上安装 360 防病毒软件,定期检查,保护电脑安全。

图 7-2-7 在电脑上安装 360 防病毒软件

**9.及时修复系统安全漏洞**

如果有高危漏洞,肯定会有提示。这时,要做的就是在提示时及时进行修复。如图 7-2-8 所示,及时修复系统安全漏洞。

**10.不随意打开不健康网页**

要培养个人良好的上网习惯,在上网的过程中,不要随意打开一些不健康网页,如某些网页上的小弹窗,或者搜索的一些不健康网页。

图 7-2-9 显示了浏览器安全工具扫描到网页中病毒程序。

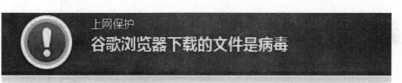

| | | | | | |
|---|---|---|---|---|---|
| 高危漏洞(10) - 这些漏洞可能会被木马、病毒利用，破坏您的电脑，请立即修复。 | | | | | |
| ☑ 重要 | KB979559 | Windows内核模式驱动中可能允许特权提升… | 2010-06-07 | 未修复 |
| ☑ 严重 | KB975562 | 多媒体解码中可能允许远程代码执行的漏洞 | 2010-06-07 | 未修复 |
| ☑ 严重 | KB980195 | ActiveX Kill Bits的累积安全更新 | 2010-06-07 | 未修复 |
| ☑ 严重 | KB979482 | 多媒体解码中可能允许远程代码执行的漏洞 | 2010-06-07 | 未修复 |
| ☑ 重要 | KB980218 | OpenType压缩字库格式（CFF）驱动中可… | 2010-06-07 | 未修复 |
| ☑ 严重 | KB982381 | Internet Explorer的累积安全更新 | 2010-06-08 | 未修复 |
| ☑ 重要 | KB982133 | Microsoft Office Excel 可能允许远程代码执… | 2010-06-08 | 未修复 |
| ☑ 重要 | KB982157 | Microsoft Office COM验证可能允许远程代… | 2010-06-08 | 未修复 |
| ☑ 重要 | KB982134 | Microsoft Office的COM验证中可能允许远程… | 2010-06-08 | 未修复 |
| ☑ 严重 | KB360000 | 微软帮助和支持中心的漏洞允许挂马和远程… | 2010-06-10 | 未修复 |
| ⊞ 功能性更新补丁(16) - 这些补丁用于更新系统或软件的功能，建议您根据需要选择性进行安装。 | | | | | |

图 7 - 2 - 8　及时修复系统提示的安全漏洞

上网保护
**谷歌浏览器下载的文件是病毒**

经金山云安全中心鉴定，您刚才下载的文件含有病毒，它会破坏您电脑系统的安全，甚至盗窃您的数据和财产，建议立即清除。

下载文件：☐ 万能进销存软件_绿色破解版.zip
病毒名称：Win32.Troj.ArchiveVir.aa.(kcloud)

▶ **立即清除**　立即清除该有毒文件，有助保持系统安全性

图 7 - 2 - 9　浏览器中隐藏的病毒文件

11.不在网络上透露个人信息或朋友、家人信息

网络是一个信息传递迅速的平台，在网络上不要随意或者被人故意套出个人信息。除了个人信息不泄密之外，朋友、家人的私人信息也不要随意透露。

12.和陌生人聊天警惕财产信息

如果在网上有和陌生人聊天的习惯，那么，一定要注意不要和陌生人聊得太深入。如果对方问银行卡、验证码或一些其他的财产信息，一定要注意防范。

### 7.2.2　实施网络安全防范技术

1.拒绝恶意代码

恶意网页成了网络安全的最大威胁之一，这些隐藏在正常网页中的恶意代码，在正常上网的过程中，悄悄嵌入网页系统，从而有巨大的破坏力。

恶意代码就相当于一些小程序,只要打开该网页就会运行,所以要避免恶意网页的攻击,只要禁止这些恶意代码的运行就可以保证网络安全。

在 IE 浏览器中,点击"工具 / Internet 选项 / 安全 / 自定义级别",将"安全级"设置为"高",如图 7 - 2 - 10 所示。

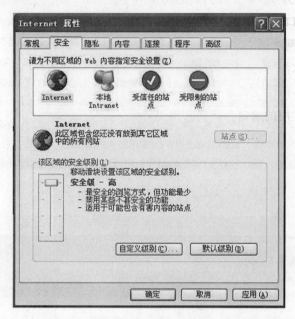

图 7 - 2 - 10　设置打开网页的高安全级别

此外,选择"自定义安全级别",对"ActiveX 控件和插件"中第 2,3 项设置为"禁用",其他项设置为"提示",如图 7 - 2 - 11 所示。

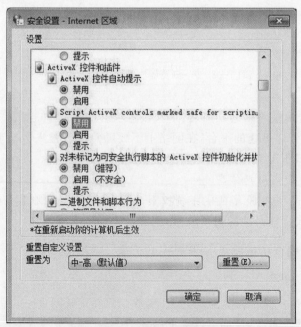

图 7 - 2 - 11　提升网页中的"ActiveX 控件和插件"安全级别

通过提升安全设置后,再使用 IE 浏览网页时,就能有效避免网页中恶意代码攻击。

2.关闭不必要的端口

计算机上端口就像一所房子的大门,不同的门(端口)通向不同的房间(服务),如文件传输 FTP 服务默认端口为 21,而打开网页的 WWW 服务默认端口是 80……黑客在入侵时常常会扫描用户计算机端口,关闭不安全的端口,可以提升网络安全。

但有些马虎的网络管理员,常常打开一些容易被侵入的端口服务,如 138,139 等等;还有一些木马程序,如冰河等,都会侵入电脑,自动开启一些不被察觉的端口。

遇到这种入侵,可用工具软件关闭不用的端口,如使用"Norton Internet Security"防火墙工具,关闭一些不常用的端口。或者利用 Windows 系统提供的"TCP/IP 筛选"功能限制服务器的端口,不需要安装任何其他软件,关闭系统端口。单击"开始"→"控制面板"→"管理工具",打开系统的"管理工具"窗口,双击打开"本地安全策略"制订窗口。

关闭部分开放的端口服务,如图 7－2－12 所示。

图 7－2－12　关闭部分开放端口

3.更换管理员账户密码

Administrator 账户拥有最高的系统权限,一旦该账户被人利用,后果不堪设想。黑客入侵的常用手段之一,就是试图获得 Administrator 账户的密码。

如图 7－2－13 所示,可以为 Administrator 账户设置一个复杂的密码,甚至还可以重命名 Administrator 账户,以及再创建一个没有管理员权限的 Administrator 账户欺骗入侵者。

图 7-2-13　为 Administrator 账户设置一个复杂密码

4.杜绝 Guest 账户的入侵

在共享计算机上开启 Guest 来宾账户，可以方便其他用户访问计算机。但 Guest 账户也为黑客入侵打开了方便之门。禁用或彻底删除 Guest 账户是最好的办法。

如图 7-2-14 所示，给 Guest 账户设一个密码；然后，设置 Guest 账户访问权限，如只能"列出文件夹目录"和"读取"等，这样就安全多了。

图 7-2-14　设置 Guest 来宾账户强健的密码

5.开启防火墙监控系统

在电脑中安装防黑客软件、杀病毒软件以及系统防火墙、防火墙软件都是必要的网络安全防护手段，可以有效保护网络的安全。

单击"开始"→"控制面板"→"系统和安全"→"Windows 防火墙"，如图 7-2-15 所示，选择左侧窗口中"启用 Windows 防火墙"，开启系统防火墙配置，保护网络安全。

6.提升 IE 的安全设置

随着 Internet 普及人们对网络应用提出更高要求。如：Web 页面丰富生动、多媒体等，微软的 ActiveX 和 Applets 控件技术，广泛应用于 Web 服务器以及客户端，实现网络环境交互。

ActiveX 控件和 Applets 控件有较强的功能，但也存在被人利用的隐患，网页中的恶意代码，往往就是利用这些控件编写小程序，只要打开网页就会被运行，所以要避免恶意网页的攻击，只有禁止这些恶意代码的运行。

在浏览器中，选择菜单"工具"→"Internet 选项"→"安全"→"自定义级别"，选择"ActiveX 控件与相关选项"禁用和提示安全等级，IE 对此提供了多种选择。

图 7-2-16 显示了"Internet 区域"安全设置方法。

自定义每种类型的网络的设置

您可以修改您所使用的每种类型的网络位置的防火墙设置。

什么是网络位置?

家庭或工作(专用)网络位置设置

 ⊙ 启用 Windows 防火墙

　　□ 阻止所有传入连接，包括位于允许程序列表中的程序

　　☑ Windows 防火墙阻止新程序时通知我

 ○ 关闭 Windows 防火墙(不推荐)

公用网络位置设置

 ⊙ 启用 Windows 防火墙

　　□ 阻止所有传入连接，包括位于允许程序列表中的程序

　　☑ Windows 防火墙阻止新程序时通知我

 ○ 关闭 Windows 防火墙(不推荐)

图 7 - 2 - 15　开启 Windows 系统防火墙保护系统安全

图 7 - 2 - 16　设置"Internet 区域"安全

# 单元八　人工智能

　　人工智能已经广泛地进入了人们的生活，渗透到日常生产、生活的方方面面，与人们的生活息息相关，例如：无人机自动送快递、汽车无人驾驶、汽车牌照自动识别以及能够执行我们语音指令的玩具。

　　作为新时代的青年，我们当然要了解一些人工智能的相关知识，能够在合适的场合使用人工智能技术。

　　上图为全球移动互联网（GMIC）大会上展示的机器人。

　　本单元帮助大家了解人工智能的基本知识，知道怎么去利用人工智能，具有一定的人工智能的思维。

# 8.1  人工智能的概念

**【生活话题】**

小明，你的房间很脏，打扫卫生。
(妈妈)

我要学习，我们买一个扫地机器人吧。
(小明)

扫地机器人是什么东西？
(妈妈)

扫地机器人就是能够自己扫地的机器，并能够规避家里的障碍物。
(小明)

人工智能时代，生活中很多场景都有智能机器：ATM机，地铁语音售票，智能玩具，等等。
(老师)

**【话题分析】**

机器人是做什么的呢？它是人还是机器呢？机器人就是模仿人来做我们不愿意做或者不方便做的工作的智能机器。

机器人除了广泛应用于制造业领域外，还应用于资源勘探开发、救灾排险、医疗服务、家庭娱乐、军事和航天等其他领域。机器人是工业及非产业界的重要生产和服务性设备，也是先进制造技术领域不可缺少的自动化设备。例如：焊接机器人、装配机器人、手术机器人、深海探测机器人以及运送机器人等。

机器人为什么能够做这么多的工作，那是因为这些机器都有一个"聪明的大脑"，我们称它们为人工智能设备。

## 【知识介绍】

人工智能(Artificial Intelligence,AI)即用人工制造的方法，实现智能机器或在机器上实现的智能系统。

要了解什么是人工智能，先来了解下什么是人类智能。

人类之所以能成为万物之灵，是因为人类具有能够高度发展地人类智能。

人类从猿演化而来，主要是由于劳动而导致人的大脑结构和功能都大大地发展了，或者说现在的人类有了区别于其他哺乳动物的人类智能。

人类智能包括"智"和"能"两种成分。"智"主要是指人对事物的认识能力；"能"主要是指人的行动能力，它包括各种技能和正确的习惯等。人类的"智"和"能"是结合在一起而不可分离的。人类的劳动、学习和语言交往等活动都是"智"和"能"的统一，是人类独有的智能活动。

人类在不断地探索身边的世界，同时也在研究自身，特别是针对大脑的生物结构和思维模式的研究。

1946 年，人类发明了第一台计算机，对认识世界有了新的强大的武器，经过 70 多年的发展，现在的计算机已经在我们的生活中无处不在。人工智能的产生有了物质基础，人工智能的诞生需要以下 4 个条件：

(1)计算机的广泛应用。

(2)数据存储能力的极大提升。

(3)人类能够获得的数据爆发性增长。

(4)其他相关学科的大力发展。

那么，什么时候使用人工智能呢？

在需要智能并能够部署计算力的地方，基本上都能使用人工智能。在定义明确的问题上，人工智能会率先大范围地应用，并能取得令人惊讶的表现。

人工智能发展到今天，是机器视觉、听觉、语音，以及大数据、深度神经网络等技术在背后支撑，同时也体现出互联网与物理世界的融合度越来越高。云计算和大数据技术的跨越式发展，"智能＋"发展维度的推进，人对于解放脑力与体力的需求，都在推动人工智能技术不断纵深演进。

人工智能的目标是希望计算机拥有像人一样的智力能力，可以替代人类实现识别、认知、分类和决策等多种功能，如图 8-1-1 所示。

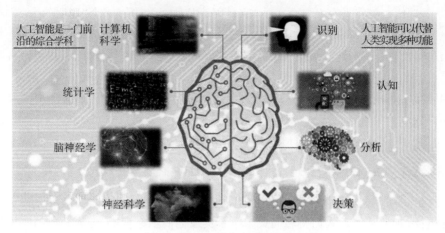

图 8-1-1 人工智能的目标

# 8.2 人工智能的历史

那么,人工智能是怎么出现的,经过了怎样的发展过程呢?

### 8.2.1 人工智能的诞生

1950 年,著名的图灵测试诞生,按照"人工智能之父"艾伦·图灵的定义:如果一台机器能够与人类展开对话(通过电传设备)而不能被辨别出其机器身份,那么称这台机器具有智能。同一年,图灵还预言会创造出具有真正智能的机器的可能性。

1954 年,美国人乔治·戴沃尔设计了世界上第一台可编程机器人。

1956 年夏天,美国达特茅斯学院举行了历史上第一次人工智能研讨会,被认为是人工智能诞生的标志。会上,麦卡锡首次提出了"人工智能"这个概念,纽厄尔和西蒙则展示了编写的逻辑理论机器。

### 8.2.2 人工智能的黄金时代

1966—1972 年期间,美国斯坦福国际研究所研制出机器人 Shakey,这是首台采用人工智能的移动机器人。

1966 年,美国麻省理工学院(MIT)的魏泽鲍姆发布了世界上第一个聊天机器人 ELIZA。ELIZA 的智能之处在于它能通过脚本理解简单的自然语言,并能产生类似人类的互动。

### 8.2.3 人工智能的低谷

20 世纪 70 年代初,人工智能遭遇了瓶颈。当时,计算机有限的内存和处理速度不足以解决任何实际的人工智能问题。要求程序对这个世界具有儿童水平的认识,研究者们很快发现这个要求太高了,1970 年没人能够做出如此巨大的数据库,也没人知道一个程序怎样才能学到如此丰富的信息。

### 8.2.4 人工智能的繁荣期

1981年,日本经济产业省拨款8.5亿美元用以研发第五代计算机项目,在当时被叫作人工智能计算机。随后,英国、美国纷纷响应,开始向信息技术领域的研究提供大量资金。

1984年,在美国人道格拉斯·莱纳特的带领下,启动了Cyc项目,其目标是使人工智能的应用能够以类似人类推理的方式工作。

1986年,美国发明家查尔斯·赫尔制造出人类历史上首台3D打印机。

### 8.2.5 人工智能的冬天

"AI之冬"一词由经历过1974年经费削减的研究者们创造出来。他们注意到了对专家系统的狂热追捧,预计不久后人们将转向失望。事实被他们不幸言中,专家系统的实用性仅仅局限于某些特定情景。

到了20世纪80年代晚期,美国国防部高级研究计划局(DARPA)的新任领导认为人工智能并非"下一个浪潮",拨款将倾向于那些看起来更容易出成果的项目。

### 8.2.6 人工智能真正的春天

1997年5月11日,IBM公司的电脑"深蓝"战胜国际象棋世界冠军卡斯帕罗夫,成为首个在标准比赛时限内击败国际象棋世界冠军的电脑系统,如图8-2-1所示。

图8-2-1 "深蓝"战胜国际象棋世界冠军

2011年,Watson(沃森)作为IBM公司开发的使用自然语言回答问题的人工智能程序参加美国智力问答节目,打败两位人类冠军,赢得了100万美元的奖金。

2012年,加拿大神经学家团队创造了一个具备简单认知能力、有250万个模拟"神经元"的虚拟大脑,命名为"Spaun",并通过了最基本的智商测试。

2013年,Facebook人工智能实验室成立,探索深度学习领域,借此为Facebook用户提供更智能化的产品体验;Google收购了语音和图像识别公司DNNResearch,推广深度学习平台;百度创立了深度学习研究院;等等。

2015 年,Google 开源了利用大量数据直接就能训练计算机来完成任务的第二代机器学习平台 Tensor Flow,剑桥大学建立人工智能研究所,等等。

2016 年 3 月 15 日,Google 人工智能 AlphaGo 与围棋世界冠军李世石的人机大战最后一场落下了帷幕。人机大战第五场经过长达 5 小时的搏杀,最终李世石与 AlphaGo 总比分定格在 1∶4,以李世石认输结束(见图 8 - 2 - 2)。这一次的人机对弈让人工智能正式被世人所熟知,整个人工智能市场也像是被引燃了导火线,开始了新一轮爆发。

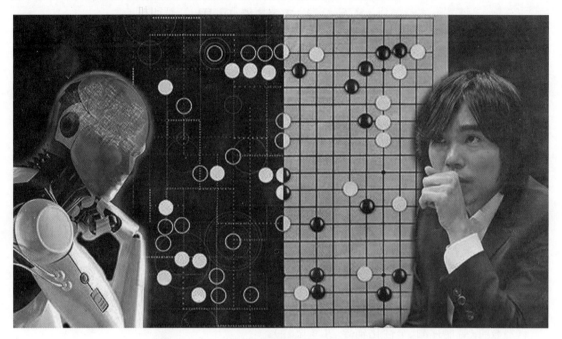

图 8 - 2 - 2　AlphaGo 战胜围棋世界冠军李世石

## 8.3　最容易被人工智能取代的职业

高度重复、依靠经验、不带有创造性的操作容易被计算机学习,并且机器比人的处理效率更高。古人夜观天象能大致知道第二天的天气,这就是经验;工厂的流水线上只负责某一项固定操作的工人,一天 12 小时只负责拧螺丝这是高度重复;制造业中负责监测设备或者流水线故障的检测人员工作既是依靠经验,又是高度重复的。

还有诸如会计、翻译、企业客服等。这些工作从技术上来看都能被轻而易举地取代,人工智能的视觉检测,根据海量的历史记录进行学习,精确地判断检测设备、精确地完成流水线作业,甚至现在人工智能的效率及精确度已经远远的超过了人类。

## 8.4　最不容易被人工智能取代的职业

涉及人际关系处理类的工作最不容易被人工智能所取代。人工智能毕竟不是人,当工作涉及人际关系的处理、伦理道德的处理的时候,以及调节人际关系的法律问题,法律的立法和执法,人工智能至少在目前看来还是无计可施。比如律师、教师、心理医生等等,这些职业都需要非常强的人际关系处理能力。

但是,现在的不容易被取代是在当前的技术水平下得到的结论,随着技术的发展或者理论的创新,今天不可能的事情不代表今后不可能,就像我们100多年前完全无法想象我们现在的社会一样。

# 8.5 人工智能应用

总结一下,当前,人工智能主要应用下以下7个领域:

(1)个人助理(智能手机上的语音助理、语音输入、家庭管家和陪护机器人)。

产品举例:科大讯飞、Amazon Echo,Google Home 等。

(2)安防(智能监控、安保机器人)。

产品举例:商汤科技、格灵深瞳、神州云海。

(3)自驾领域(智能汽车、公共交通、无人机)。

产品举例:Google、百度、特斯拉等。

(4)医疗健康(医疗健康的监测诊断、智能医疗设备)。

产品举例: Enlitic,Intuitive Sirgical 等。

(5)电商零售(仓储物流、智能导购和客服)。

产品举例:阿里、京东、亚马逊。

(6)金融(智能投顾、智能客服、安防监控、金融监管)。

产品举例:蚂蚁金服、交通银行、大华股份、Kensho。

(7)教育(智能评测、个性化辅导、儿童陪伴)。

产品举例:科大讯飞、云知声。

以下就无人汽车驾驶和仓储物流两个方面来具体体验人工智能应用。

## 8.5.1 Google 无人驾驶汽车

图 8-5-1 所示是 Google 的无人驾驶汽车的外形,它是在普通汽车上加装了许多智能设备而来的。它加装了以下设备。

图 8-5-1　Google 无人驾驶汽车

（1）雷达（Radar）。高端汽车已经装载了雷达，它可以用来跟踪附近的物体。

（2）车道保持系统（Lane-keeping）。在挡风玻璃上装载的摄像头可以通过分析路面和边界线的差别来识别车道标记。

（3）激光测距系统（LIDAR）。采用了 Velodyne 公司的车顶激光测距系统。

（4）红外摄像头（Infrared Camera）。夜视辅助功能使用了两个前灯来发送不可见且不可反射的红外光线到前方的路面。而挡风玻璃上装载的摄像头则用来检测红外标记，并且在仪表盘的显示器上呈现被照亮的图像。

（5）立体视觉（Stereo Vision）。在挡风玻璃上装载了两个摄像头以实时生成前方路面的三维图像，检测诸如行人之类的潜在危险，并且预测他们的行动。

（6）惯性导航系统（GPS）。使用 Applanix 公司的定位系统，以及他们自己的制图和 GPS 技术。

（7）车轮角度编码器（Wheel Encoder）。轮载传感器可以在 Google 汽车穿梭于车流中时测量它的速度。

Google 无人驾驶汽车的工作原理如图 8-5-2 所示。

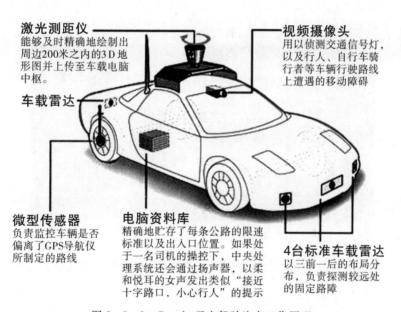

图 8-5-2 Google 无人驾驶汽车工作原理

无人汽车的核心设备是激光发射器，它可以一边旋转一边不间断发射激光束，并接收反射回来的光束，根据来回的时间计算物体与汽车之间的距离。激光测距仪的旋转速度很快，能判断物体的形状、大小和大致的运行轨迹，并作为后面行动的依据。

为了更加准确地定位，无人驾驶汽车也安装了摄像头，而且摄像头是成对安装的，就像我们的两只眼睛一样，由于两只摄像头看到的结果有细微的差别，通过分析差别，能够更好地帮助定位，同时和 GPS 的数据进行比对和整合，共同确保车辆定位的准确性。摄像头还要识别交通信号灯和交通标志，并遵守交通规则。

雷达主要是安装在前部和后部，主要是用来判断和前后车的距离信息，以此来确定下一步车辆的车速如何变化。

由于数据获取的量很大,大概需要达到 1GB/s,当然,为了处理这么大量的数据,需要强大的处理器,并根据获取的数据构建计算机能够识别的周边环境地形图,判断哪些物体是不会移动的(如树木、路灯等),哪些物体是可以移动的,需要考虑可能的移动位置以及需要采取的对策。

### 8.5.2 淘宝物流机器人

大家可能觉得仓库是很简单的地方,我们印象中的仓库都是一排排的货架,我们按照一定的规则将东西码放整齐,需要的时候再去对应的地方取出来就可以了。

这样的观点在 10 多年前是没有错的,但是由于电子商务的大力发展,现在电商的仓库规模已经大到难以想象的程度,例如阿里巴巴的增城仓库就超过了 10 万平方米,再使用人工进行运送和分拣,不但需要大量的人力,也需要增加很大的人工成本。

如图 8-5-3 所示,物流机器人首先对货物进行识别,按照计算得到的运送路径进行运送,并在运送的过程中不断和后台进行通信,避免和其他机器人相撞,同时也可以依靠传感器,识别障碍物,进行规避。

货运机器人使用电力驱动,当电力不足时,可以自己去找固定位置的充电器充电,这时充电的机器人就不在能够使用的机器人序列中,只有当充电完成后才会回到工作序列中。

图 8-5-3　阿里巴巴使用的物流机器人

总体而言,物流机器人是在封闭的环境中工作的货运系统,它的运行更加依靠最优路径选择算法,而对现实世界的感知依靠得比较少,传感器更多的是起保障作用。

# 参 考 文 献

[1]  武马群.计算机应用基础[M].北京:人民邮电出版社,2010.

[2]  吴成群,汪双顶.计算机应用基础[M].上海:同济大学出版社,2011.

[3]  吴华,兰星,等.Office 2010办公软件应用标准教程[M].北京:清华大学出版社,2012.

[4]  刘云翔,王志敏.计算机应用基础[M].北京:清华大学出版社,2014.

[5]  徐红,郑海涛.信息素养[M].北京:高等教育出版社,2016.